通向一个文化秘境，如果有捷径，一定是美食。

食光中的论语

孔府菜的美味秘境

佟丽霞 著

SPM
南方传媒 | 广东人民出版社
·广州·
山东电子音像出版社

图书在版编目（CIP）数据

食光中的论语：孔府菜的美味秘境 / 佟丽霞著.
广州：广东人民出版社，2024. 6. -- ISBN 978-7-218
-17650-5

Ⅰ. TS972.182.52

中国国家版本馆CIP数据核字第2024C5X508号

SHIGUANG ZHONG DE LUNYU　KONGFUCAI DE MEIWEI MIJING

食 光 中 的 论 语 ： 孔 府 菜 的 美 味 秘 境

佟丽霞　著

出 版 人：肖风华

责任编辑：王庆芳　杨言妮
责任技编：吴彦斌　马　健
联合策划：山东人才集团

出版发行：广东人民出版社
地　　址：广州市越秀区大沙头四马路 10 号（邮政编码：510199）
电　　话：（020）85716809（总编室）
传　　真：（020）83289585
网　　址：http://www.gdpph.com
印　　刷：广州市豪威彩色印务有限公司
开　　本：787 毫米 × 1092 毫米　1/16
印　　张：16　　　字　　数：300 千
版　　次：2024 年 6 月第 1 版
印　　次：2024 年 6 月第 1 次印刷
定　　价：68.00 元

如发现印装质量问题，影响阅读，请与出版社（020-85716849）联系调换。
售书热线：（020）85716864

目录

食光中的论语

孔府菜的美味秘境

三套汤，
在晨光中开启美味秘境之门

清晨，曲阜阙里宾舍，厨师长鲍玉东早早来到厨房吊汤。厨子的汤，戏子的腔，后厨里首要的事，就是吊好一锅汤。"菜好烧，汤难吊"，长于做孔府菜的厨师精于以汤调味，所以也必须精于吊汤。晨曦之中，孔府菜美味秘境的大门就这样开启了。

寻找老鸡老鸭

在孔府菜里，有时，汤是主角，比如，清汤竹荪；但更多的时候，汤，仅仅是几乎被食客们忘掉的配角，它不张扬，不抢戏，无声无息，沁润在别的菜品中，增鲜增香。在菜单上，配角汤，可能连个名字都没有，但在大师傅们眼里，这汤，是孔府菜的灵魂。子曰："君子不器。"朱熹对此的注释为："器者，各适其用而不能相通。成德之士，体无不具，故用无不周，非特为一才一艺而已。""不器",用来评价孔府汤也一样适用,它滋养着一应孔府佳肴,而不仅仅局限于某一个方面。

孔府菜提鲜调味用的都是自制的汤。内厨自制的汤里,有高汤、毛汤、三套汤、奶汤,汤汤不同。每一款汤,都主打一个"鲜"字。

这其中,最顶级的就是"三套汤"。鲍玉东的师父、国家级非物质文化遗产孔府菜技艺代表性传承人彭文瑜先生说:"吊汤,必须得学习一至两年活儿以后才能做,不然的话,把三套汤吊坏了,不能使用,那就浪费了这些原材料了(价值几百元)。损失钱财是小事,而当天出菜、汤时,用不上三套汤了,降低了口味,那才是大事。"在孔府菜的传统制作技法里,三套汤每天都要熬制。每天半夜开始,上午吊出新汤,供午餐和晚餐之用。

肥且老的鸡鸭是孔府三套汤的核心食材,其谷氨酸及其他氨基酸等鲜味物质含量超出很多肉类。鲍玉东说,现在要找到生长了几年的老鸡老鸭还真是件难事。三年以上的老母鸡买不到,就买蛋鸡。鸡老的时候,在爪上会长一个小拐子。老鸭没有这个特点。三年以上的老鸭也不好买,就买麻鸭。麻鸭的羽毛类似麻雀,长不快,处理过后的麻鸭也难免会有黑毛头残留,而肉食鸭大多是白色的,羽毛也很好处理。传承孔府菜,师傅要教给徒弟们的第一件重要的事——选择正宗的原料。好的原料,是一切美味鲜味的基础。在原料质量无法与过去相比的时候，鲍玉东师傅就会加大原料的投放量，以保证汤品的鲜醇度。

一次一套，如此往复三次

为啥叫"三套汤"？如何吊"三套汤"？大概就是准备三套同样的食材，一次一套，入锅煲制，如此反复三次。一只老母鸡、一只老鸭、一只猪肘、一副猪棒骨，为一套。先是熬，后是吊，前后用时八小时。加上原料清洗、处理，一锅清澄鲜美的"三套汤"最后形成的时候，用时已接近十二个小时。

"头一天，鸡鸭开膛清洗，去掉尾尖、肺、血污，肘子割开、骨头砍断，猪棒骨砍断。大约浸泡两个小时，泡出血色的水。捞出的原料再用清水焯洗一遍。焯水，是冷水下锅，让血污都出来。如果是热水下锅，脏东西会闭住。焯水到水开持续几分钟，再将原料捞出，另下入清水罐（或锅）中。清水罐中，一次性加水约四十斤。汆过的鸡、鸭、猪肘各一个，骨头三斤，投入冷水罐中，这是第一套。水见开后，改文火煮制约两个小时，捞出各种原料，晾上，煮过的鸡、鸭、肘、骨头另作他用。热汤离火、待降温到 30 度以下时，再上火，紧接着投入第二套原料，重复同样的操作。文火煮制两个小时，原料捞出，再晾到 30 度以下，再上火，紧接着投入第三套原料，继续熬煮。"原料下锅是有顺序的，先是猪骨头，再下鸡、鸭、肘，骨头和锅底的接触面积小，这样可以避免糊锅。八个小时的时间，已在"投料、熬煮、沸腾、捞出、晾凉、再投料、再熬煮"中，不知不觉，悄然而过。

你以为这就结束了？那你就错了。孔府菜"三套汤"还有一个收尾秘笈，就是用红俏（音绍）和白俏吸附煲制后形成的杂质。红俏和白俏是"三套汤"在完工前最后出场的两个重要"嘉宾"。

熬煮过后，红俏、白俏早已备好。红俏，是鸡腿肉剁成的鸡茸。白俏，是鸡胸肉剁成的鸡茸。各盛入一容器内，分别加入清水调制成稀糊状，投入精盐搅匀，要把红俏、白俏调成很细腻的流动的状态。

用鸡腿肉的红俏料子吊第一遍。

待汤罐或锅凉下来，温度降到30度以下，厨师长鲍玉东开始下入红俏。他一边把红俏直接淋到汤里面，一边用长把勺不断地轻轻搅动汤，动作缓慢、持续，防止抓锅，直到俏料和杂质漂浮上来，汤轻微见开时，才停下搅动的动作。继续文火煲制一小时，让罐或锅内的杂质更多被吸附，让红俏里的鲜味充分释放。之后，将罐或锅半离火眼，调小火，用漏勺或笊篱捞出漂浮的白色红俏。等汤晾凉。

用鸡胸肉的白俏料子吊第二遍。

待热汤的温度再次降到30度以下时，用同样的方法下入白俏，同样慢动作搅动，直到白俏从锅底缓缓上升，目的也是吸附杂质，释放鲜味。继续加热一小时之后，把已成渣的白俏捞出。这时的汤，才能称为"清汤"。鸡腿肉和鸡胸肉——红俏和白俏相继出场，只为一个"清"字。

经过十二小时左右，如此繁复的步骤，"三套汤"已最后完成。我眼前的这碗汤，颜色微黄，非常清亮，油花几无可见。抿一口，鲜，纯粹的鲜，在味蕾上滋漫开来，像一个被慢放的舞蹈动作，缓慢地展示着美，久久不褪。

"鲜"字，在汉代以前，是三个鱼字，汉代以后，简化成鱼和羊的组合，成了会意字，一条鱼和一头羊。我们的祖先在创造这个"鲜"字时，灵感来源大概就是基于多种食材合在一起熬煮后产生的滋味吧！为了汤的一个"鲜"字，历代的孔府菜厨师们真是用尽了"洪荒之力"。孔府名厨孙昭仁如此传授彭文瑜的祖父彭保山，名厨张俊文亦如此传授彭文瑜的父亲彭俊德，孔府名厨葛守田也如此传授彭文瑜，"承祖训创新法的孔府菜守护者"彭文瑜，也如此教导他的徒弟葛平、鲍玉东、孔浩，葛平、鲍玉东、孔浩也将如此这般地教导他们的徒弟。

判断好汤的标准

比孔子早了一千多年的"商元圣"伊尹，出身奴隶，帮助成汤建立商朝，"治大国如烹小鲜"，就是他的治国名言。这里的鲜字，指小鱼。伊尹背着锅和砧板见成汤王，用烹调之术，劝说成汤王实行王道。伊尹"说汤以至味"，至味即美味。《吕氏春秋·孝行览·本味》对此有详尽记载：

水居者腥，肉攫者臊，草食者膻。臭恶犹美，皆有所以。凡味之本，水最为始。五味三材，九沸九变，火为之纪，时疾时徐，灭腥去臊除膻，必以其胜，无失其理。调和之事，必以甘酸苦辛咸，先后多少，其齐甚微，皆有自起。鼎中之变，精妙微纤，口弗能言，志弗能喻，若射御之微，阴阳之化，四时之数。故久而不弊，熟而不烂，甘而不哝，酸而不酷，咸而不减，辛而不烈，澹而不薄，肥而不腻。[①]

三类动物食材，生活在水里的腥，吃肉的臊，吃草的膻。气味不好的仍然可以使之变好，这些都各有它们内在的原因。调和味道的根本，首先在于用水，火是关键。五种味道，三样材料，

① 张双棣、张万彬、殷国光、陈涛译注《吕氏春秋》，中华书局，2022，第119页。

多次煮沸，每次都有不同，火候的把握也很关键，时而急火，时而文火，去除腥味、臊味、膻味，定能达到理想效果。伊尹的这段论述，凸显了在烹饪中火候的关键作用。孔府"三套汤"之所以能达到"至味"，和火的作用密不可分。在熬制"三套汤"的时候，火的"时疾时徐"是一个重要的技巧，是时光深处盛开的经验花朵。

孔府内厨自制的"三套汤"，又被称为"金汤"。一是极言其用料精，价格贵；二是极言其出品少，暗含宝贝之意；三是极言汤对一个厨师的重要性，它是一个厨师的压箱秘笈。一个厨师的修为有高低之分，但一勺汤涵养了所有，它能使食物、原料的味性被充分吊出，并相互渗透，达到五味调和。

如何判断"三套汤"是不是熬制好了，彭文瑜先生说：

三套汤的标准：

清澈见底。

口感紧，不能松。

口味清鲜香醇。

汤的体验也是有步骤的。唇抿一下，品汤是否鲜美，是否醇厚、浓郁；嘴喝一口，让汤在口腔中回荡一下，体验汤的口感是否饱满、醇正，是否有厚重感；汤咽下后，感受汤的鲜香度是否持久、有回味。"口感紧，不能松"，什么是口感紧？这是只能意会，难以言传的一种感受，大概就是留在舌尖上的感受鲜醇而悠远，味道能抓住你的味蕾，而不会马上散去。这就像人与人的交往，有乍见之欢，有相见恨晚，有久处不厌。

"成品的'三套汤'是斤顶斤，一斤原材料出一斤'三套汤'。也可以多出几斤，不是绝对的。但是，检验'三套汤'质量时，必须达到标准，就是，天气一凉，'三套汤'能拌汤皮。"如何拌汤皮？彭文瑜先生说，气温一凉，室外温度约在10度以下，用手勺少舀半勺"三套汤"，放到大平盘或大方盘内，不要乱动，待它自然冷却后，自成固体，用手一扒成卷，再用刀顶着卷切成丝，黄瓜切丝，装入盘中，浇上醋、蒜泥、食盐、少许的香油汁，便成"拌汤皮"。这就是彭文瑜先生从师傅那里师承下来的对好汤的判断标准，肉眼可见，简单实用。

寄人篱下的高档品，靠汤"养"着

《随园食单》里对汤的描述与"三套汤"形似神也似："味要浓厚，不可油腻；味在清鲜，不可淡薄。此疑似之间，差之毫厘，失之千里。"

有了一罐好汤，孔府里的厨师便有了一天的底气。一锅功夫十足的汤，可调味，可做锅底，也可直接上桌。

"汤乃养也"，汤不仅养人，也滋养着别的菜。从《中国孔府菜谱》里的第一道菜"什锦燕菜"到"清汤一品丸子"，以及普通的时令小菜，大多有汤的影子。尤其在烹饪"燕菜席""鱼翅席""圣府满汉席""高摆席"等较高规格的宴席时，"三套汤"的使用更为突出，对孔府菜的鲜香醇厚起着重要的作用。

孔府菜里，有一道极简又至美的清汤竹荪，一定要用"三套汤"。这道菜品的主料是水发竹荪，斜刀将竹荪改成马蹄块，调料有料酒、精盐、高汤、"三套汤"。先是用高汤汆过竹荪，捞出放入汤盘。炒勺里加"三套汤"、料酒、精盐，开锅后撇去浮沫，浇在汤盘内的竹荪上即成。吸足了汤汁的竹荪，稚嫩、脆爽，汤汁清澈，汤鲜味美，为素菜中的精品，也是孔府宴客菜的佳品。

高汤的品级低于"三套汤"，主要用来养制一些没有味道的高档食材原料。一些干制品原料通过水发后失去部分营养成分，或本身没有鲜香味道，或带有轻微异味的，都会采用高汤养制的办法来去掉异味，保持和补充其中的营养成分，如燕窝、鱼翅、海参、熊掌、鲍鱼等，都需要高汤的"养"。还有部分菜肴用清水或毛汤汆过后，再用高汤汆。

高汤是如何做出来的呢？高汤，是以清水煮鸡、鸭、肘子制成毛汤后，用红俏、白俏清汤而成。王世襄的儿子王敦煌，写过一书《吃主儿》，书里写，这"高汤"之所以被称为"高汤"，就是这种汤真的"高"，最重要的，就是原料的新鲜。《吃主儿》里面记录了老北京的一个场景：

当初的饭庄、饭馆常有厨师去某宅应外活儿的事，也许是堂会，也许是红白喜事，或是某某庆典，得办个三十来桌席。师傅去之前，头天先派个徒弟带着一个深桶到这个宅子制作高汤。徒弟通宵不眠，到第二天早晨，把做好的一桶高汤交给师傅，自己回家睡觉。师傅做菜时，全凭高汤提味，根本无须加味精。

老北京饭庄师傅的做法，和孔府类似。苦了吊汤的小徒弟，为了第二天的宴席"通宵不眠"。

彭文瑜先生还以上八珍①燕窝和鱼翅的涨发过程，详细讲解了汤在这些高档菜中的作用。

燕窝涨发过程：

用 60～80℃的热水浸泡—回软—摘毛—提质—漂洗—脱水—喂养—备用。

鱼翅涨发过程：

剪边—20～30℃的温凉水浸泡—回软—褪沙—切根，分质装

① 上八珍：指燕窝、熊掌、象鼻、驼峰、鱼翅、猩唇、哈士蟆、鹿筋。

篮—焖制—去骨肉—漂洗—控水—喂养—蒸熟—备用。

其中的"喂养"，说的就是用"高汤"来浸泡，用高汤喂着、养着，汤的鲜美，也就无声无息地进到了食材里。没有了汤的"喂养"，燕窝和鱼翅还能有什么味道呢？清朝著名文学家兼美食家袁枚在《随园食单》里写要"戒耳餐"，"何谓耳餐？耳餐者，务名之谓也。贪贵物之名，夸敬客之意，是以耳餐，非口餐也。不知豆腐得味，远胜燕窝。海菜不佳，不如蔬笋。余尝谓鸡、猪、鱼、鸭，豪杰之士也，各有本味，自成一家。海参、燕窝，庸陋之人也，全无性情，寄人篱下。"[1]

在袁枚心里，有些食物是用来给耳朵吃的，而不是给嘴巴吃的，求名气，充面子，用食物的价格夸大对客人的敬意。就像海参、燕窝，名气很大，但如同平庸鄙陋之人，全无自己的个性，它们的味道都是靠汤的滋养和提味，这跟"寄人篱下"有什么区别？这里，反倒点明了汤的作用。

毛汤又叫次汤，主要是用来汆制一些做高中档菜肴的配料及烧鸡子（蛋）汤、胡辣汤、酸辣汤、生汆汤等。

汤，滋润万物，给万物以增益，而不与万物一争高下。流沙河先生在《白鱼解字》里，解过"益"字，说的正是这样的一碗汤：

① 〔清〕袁枚：《随园食单》，中国轻工业出版社，2022，第57页。

请看这个益字，正是那一碗汤。皿象碗形，高脚，侈口。皿盛水，一碗汤。水横置碗之上，这样书写方便，而且美观。那碗汤既然是膳食外的添益，所以益有增添之义。凡物增添则丰饶，所以《说文解字》中以饶训益。学问长进，也叫进益。好处增多，就是有益。

益字又加水旁成溢，水就漫出来了，好事变成坏事。江河横溢，要淹死人，益成为害。不过也有例外。旧时商家一批货物卖完后要盘点，除去利润，还多卖出钱来，例如食盐百斤零卖，卖出一百一十斤来，谓之升溢。食盐不会繁殖。所谓十斤升溢，短斤少两造成。升溢多卖钱款，供店员打牙祭，皆大欢喜。与溢同音有镒。古代动称"黄金百镒"，可知镒为重量单位。从前十六两算一斤，二十两算一镒。为什么叫镒呢？较之一斤，多出四两，有所添益，所以叫镒。①

一碗汤，能滋生出这么多的意思来，古人当初造"益"字时，恐怕也想不到吧。

制作"三套汤"，是孔府菜制作中的绝技，非"门里"厨师，很难弄懂其内里的做法。厨师们心系一处，耐心执着，在漫长时光的流转里，把每个细节精准化，不浮不躁，从而达到至真至味的境界。正如《诗经》所言，"如切如磋，如琢如磨"。

① 流沙河：《白鱼解字：流沙河讲汉字》，北京联合出版公司，2022，第110～111页。

　　时光荏苒，如今的人们似乎很少再有这样的耐性，加上调味品工业化后容易获得，用自制的汤调味就显得又"笨"又贵了。我接触的传承孔府菜的师傅们，大多性格沉静，不急不躁，不多言多语，即使是他们熟悉的领域，也"恂恂如也"，话讲得清楚明白，而又谨敬谦逊，让人心生敬意。也许是长年的职业训练，让他们拥有了烟火红尘里难得的"静气"。心藏静气，从容明朗，一心一意专注于自己正在做的事情，这就是平凡中的高贵吧。

　　附：三套汤菜谱及制法

三套汤

原料

肥鸭三只（约 4,500 克）

肥母鸡三只（约 3,700 克）

猪后肘三只（约 4,500 克）

生母鸡腿肉 500 克

鸡里脊 500 克

猪后腿骨 4,500 克

大葱白 25 克

姜片 25 克

花椒 1.5 克

精盐 5 克

三套汤

扫码可看制作视频

制法

❶ 将鸡、鸭宰杀煺毛，开腹取脏，冲洗干净，腿骨敲断备用；鸡腿肉和鸡里脊分别剁成细末，各盛入一容器内，分别加入清水调制成稀糊状（俗称红、白俏），将精盐平分在红、白俏内搅匀。

❷ 将鸡、鸭、肘、猪腿骨放入开水锅内汆净血污，用清水洗净备用。

❸ 汤罐内加入清水 20,000 克，放入鸡、鸭、肘子各一只，猪腿骨 1,500 克，用旺火烧开，打去浮沫，加入葱段、姜片、花椒，改用慢火烧 2 小时，将汤内原料全部捞出另做它用。再按此法将剩余原料分别在原汤中进行煮制（即每次另换鸡、鸭等原料）。然后将汤罐离开火眼，使汤冷凉，撇净汤内浮油。

❹ 将汤罐移至慢火上加热，先将红俏倒入汤中并用手勺不断地转搅以免糊底。汤将开时，将罐半离火眼，汤不能开滚，这时肉泥已全部浮起，用漏勺捞出盛一容器内，挤成饼状备用。汤冷凉后，再将汤罐移至慢火上，用同样的方法放入白俏……汤清完后，再将红、白俏饼慢慢漂入三套汤中，待全部浸出鲜味时（约 1 小时）将三套汤入另一容器内（红、白俏饼和汤底渣不要）备用即可。[①]

---

① 中国孔府菜研究会编《中国孔府菜谱》，中国财政经济出版社，1986，第177页。

一条孔府烤鱼的秘密

西塞山前白鹭飞，桃花流水鳜鱼肥。

青箬笠，绿蓑衣，斜风细雨不须归。

——唐·张志和《渔父歌》

阳春三月，西塞山桃花溪水里的鳜鱼是肥美的。每年的八月末九月初，微山湖、大运河里的鳜鱼，也在微起的凉意里开始肥美起来。正好选一条，做烤花揽鳜（桂）鱼。烤，用的是孔府菜里一种与火不接触的独特烤法。食者沉醉于它的美味，却不知其法——孔府内厨秘不外传的方法。

鳜鱼，即桂鱼，又名季花鱼，是我国特产的名贵淡水鱼，鳞微、骨疏、刺少、肉鲜。桂鱼"黄质黑章"，青黄色的身上，有不规则的黑色斑纹，背部隆起。《山海经》里说："鳜大口而细鳞，有斑彩。"因此，古人形象地称桂鱼为"锦袍氏"。因桂鱼丰富的营养，李时珍称之为"水豚"。在孔府菜里，桂鱼做法很多，烤花揽桂鱼、炸熘桂鱼、干蒸桂鱼、糟烧桂鱼、软熘桂鱼、清蒸瓢桂鱼、豆豉烧桂鱼、炸焦皮桂鱼、炸桂鱼卷、桂花鱼片，这得益于它有个好名字。"一名之得，可以成龙；一名之失，可以成虫"，桂鱼谐"贵余"之音，寓"富贵有余"之意，所以在孔府，几乎每逢喜庆宴会，桂鱼必登席。在这些做法中，烤花揽桂鱼，无疑是最具孔府菜特色的一种。

彭文瑜先生的大徒弟、阙里宾舍的宴席总管葛平师傅，用细致的分解动作，破解了"烤花揽桂鱼"的独家美味秘笈。

选一条一斤半到二斤的新鲜桂鱼。先用刀在鱼的肛门以上一公分左右处，横着切一刀，割断内脏和身体的连接，再用筷子或者细长的剪刀，从桂鱼的嘴插进去，分别贴着两边鱼鳃的外侧插进鱼肚子里，一拧一扯，将内脏和鳃全部拧出，同时保持了鱼体外表的完整性。葛师傅用的是筷子，一边鳃用三只筷子，六只筷子一起用力，鱼的内脏就被提拉出来了。

鱼，得是活的，鲜的。

这横着的一刀不能切得大，以免后来装进去的馅漏出来。

冲洗干净后，用手捏住鱼嘴在开水中烫一下，以能脱去鱼的表层黑衣为宜，然后将鱼快速放进凉水里，再轻轻刮去鱼鳞和黑皮斑痣。两面打坡刀，打三到五刀，置于盘中，加料酒、精盐、葱段、姜片、花椒，腌渍约15分钟，入味备用。

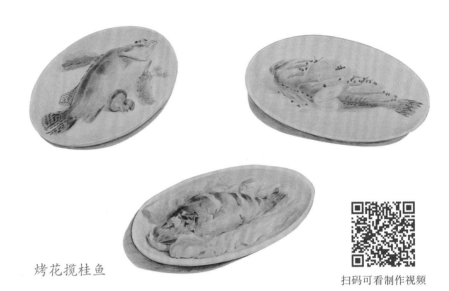

烤花揽桂鱼

扫码可看制作视频

烫鱼是关键，烫掉黑皮斑痣，减了腥气。但不能过。

把八宝馅准备好。八宝，形容馅料种类之多。肥瘦肉切成0.7厘米见方的丁，放入开水锅中汆熟捞出备用；海参、冬笋、冬菇均切成0.7厘米见方的丁，也可加进青豆、胡萝卜丁，和干贝一起用毛汤汆过，捞出与肉丁混合，加料酒、盐、花椒油腌渍3分钟。八宝馅，已在汤中或水中汆熟，又腌渍进了滋味，好颜色，好滋味，好营养。也可不加肉丁，只用菌类、海鲜、豆类。

将鸡里脊（又叫鸡牙子）剔去筋，然后和肥肉膘剁成细泥，加蛋清、料酒、精盐调匀，搅成鸡料子备用。最好按一个方向搅，愈搅颜色愈发地白了，鸡料子便好了。

将火腿切成大约长 6 厘米、宽 2 厘米、厚 0.3 厘米的片备用。

将猪花网油用刀片去大厚筋，修整四边备用。

将面粉（125 克）加清水和成面团，擀成大的薄饼皮，要和得略硬一点，类似做手擀面的硬度。盆里余下的少许面粉加清水调成面糊备用。

将腌渍过的桂鱼提起，去掉葱段、姜片、花椒——这一身的"花花草草"已完成了使命。把鱼口撑开，将拌好的八宝馅填入鱼腹。在鱼背上每个坡刀口里嵌上一片火腿，再抹上鸡料子，放在花网油上，四周摺起包好，再用擀好的面皮包好。保持鱼形，去掉多余的面皮。

此时，这条普通的鱼，肚子里是山珍海味，坡刀处嵌着火腿，抹着鸡茸，浑身衬着花网油，裹着严严实实的面衣。恨不得将所有的鲜香味都留在鱼身上，不跑出一丝一毫。

开烤了，把鱼放在铁篦子上，将铁篦子置于炭火池上慢火烤制。啥是慢火烤制？贾思勰在《齐民要术》中记述了黄河流域烤乳猪的方法，"柞木穿，缓火遥炙，急转勿住"，大概和烤花揽桂鱼差不多。先烤正面，后烤背面，烤时会出现气体冲破面皮的情况，要随时将破裂处用面糊补上。这样烤制大约一小时，将鱼取出正面朝下放在盘上，揭开面皮、花网油，然后扣入鱼盘内成菜（正面朝上）。

现在就更方便了。进烤箱,接受180度、一个小时的高温烘烤。这时候要特别注意不要糊。鱼的头尾处,因为薄,很容易变糊,要用白菜盖一盖。

备一小碗姜醋汁。可用,可不用。

一小时后,这条内涵极为丰富的鱼就烤好了。趁热上席,去掉面皮及花网油。香气从面皮里冲出来,鱼肉紧实有力,鲜香胜却秋天肥蟹。蘸姜醋汁,鲜味口感更加凸显。心里不禁感叹:原来,一条鱼可以这样极致美味的!

火烤热了面皮,面皮烤热、烤熟了鱼。这就是隔火烤,又叫"白烤",鱼烤熟了,仍是白嫩的,肚子里富含八宝,味道的美,已不再是一个鲜字所能形容,还要加上香、白嫩、丰富。这就是菜肴中名副其实的"白富美"。这是孔府烹调中独特的技艺,是秘不外传的"白烤"菜。

一般烧烤皆为红烤,因为肉一烤就变色,为此许多烧烤菜肴还特意在被烤的食物表面刷糖浆,以增重其颜色和光泽,所以外皮经烤制呈现红棕色。在清代"满汉全席"上,称这种烤制为红烤。孔府菜里的"烤牌子",就是红烤,将煮过的硬肋肉擦净水分,周身均匀地抹上蜂蜜后,放炭火池上慢火烤,先烤筋骨一面,再烤皮面,烤一会儿刷一次料酒、盐水,连续数次,大约烤两小时,待表皮呈金黄色时取下,即为"烤牌子"。而"白烤"

则要使烤过的肴馔不变色，白的仍是白的，没有烟熏火燎的印迹，因此只能隔物而烤。这是与红烤截然不同的一种炙烤法。这种烹饪方法在其他地方尚不多见。当然，从现代人的认知角度出发，"白烤"应该是更符合健康饮食的要求。它避免了食材与火的直接接触，既保证了烤的温度，又规避了过热烤焦的问题。

烤，这个动词古已有之。成语有脍炙人口，这里的"炙"，上面是肉下面是火，说的就是烤肉。辛弃疾曾写过："醉里挑灯看剑，梦回吹角连营。八百里分麾下炙，五十弦翻塞外声。沙场秋点兵。"《山家清供》记录了一个烤芋头的方法，书里用的动词是煨。挑一个大点的芋头，用湿纸裹上，"用煮酒和糟涂其外，以糠皮火煨之"。等到熟了，趁热吃，不能冷，不加盐。烤芋头包的是湿纸，"烤花揽桂鱼"包的是面饼皮，二者让人联想起包着泥烤的叫花鸡。与登大雅之堂的"烤花揽桂鱼"相比，叫花鸡倒很接地气。我小的时候，吃过烤麻雀，用黄泥包着，在火里烤熟了吃，和叫花鸡的做法类似。叫花鸡的做法，或许叫"炮"。流沙河在《白鱼解字：流沙河讲汉字》里，这样解读：

与炙肉同类的有炮肉。《说文解字》："炮，毛炙肉也。"宰杀禽兽，剖除内脏，置入调料，燫净毛羽，湿泥包裹，投火烧熟，斯为炮肉。炮字从火从包，包亦声。从包谓泥包之。《周礼》说的"毛炮之豚"就是火烧泥包的猪。泥包入火，古称"裹烧""涂烧"，高档宴聚才有这道美食。饕餮之徒津津乐道叫花子鸡怎样好吃，那就叫炮鸡吧。据说乞丐偷鸡，湿泥包裹烧熟，剥泥便啃，既快速且鲜美，又不借用锅灶，故名叫花子鸡。今之穷奢极欲者借此以标榜"回归自然"，夫复何言！

炮在这里音 bāo，字从包裹得声。小心，不要读成枪炮的炮（pào）或炮制的炮（páo）。

炮肉之外，还有燔肉，那才是真高档。《说文解字注》说是社稷宗庙的"火炙肉"，周朝天子以此馈赠同姓大夫。其字音 fán，从火番声。字又作膰。毕竟仍是炙肉一类。燔肉赏脸，受馈赠者觉得这是高规格的政治待遇，倒不期望它如何鲜美。讲政治嘛，哪在乎好吃不好吃。

孔子在齐，"燔肉不至"，愤而走人。礼不到位，问题就上升到原则的高度了。①

大概是流沙河先生笔误了，孔子不是在齐，而是在鲁。51 岁的时候，孔子在鲁国一路做中都宰，做司空，做到大司寇。大司寇这个位置，相当于现在的最高法院院长。孔子担任大司寇三年

① 流沙河：《白鱼解字：流沙河讲汉字》，北京联合出版公司，2020，第128页。

的时候，发生了"燔肉不至"这个事情。王室做祭祀后，要把祭祀的肉分给大臣们，每个大臣分一点，虽然不值钱，但作为当时礼仪性的习俗，代表着王室对大臣的重视。

孔子担任大司寇这么大的官，竟然没有收到肉，这明显是冷落，是无视，是无声的辞退。于是，孔子离开鲁国，开始了充满巨大不确定性的周游列国之旅。正如《孟子》所说：不知者以为为肉也，其知者以为为无礼也。孔子哪里是为了那条肉，实在是因为这太无礼了！当然，这"无礼"应该是精心设计的。对打发走孔子这样的"道德先生"，"冷处理"或许不失为聪明的办法。

雪里藏珠,
找到一颗"珠",传承一道菜

雪里藏珠,是一道存储在孔府菜典籍里,也存储在彭文瑜先生记忆里的菜品。"雪",是鸡小脯茸,"珠",是葛仙米。鸡里脊肉不难找,最好的葛仙米难找。十五年前,彭文瑜先生找到葛仙米最好的出处,才在山东省孔府菜培训班上传授了这道菜,"复活"了这道菜。找到雪里藏珠的"珠",主料、配料都"正宗",才能让传承不走样。

雪里藏珠,成菜色白如瑞雪,"雪"里是半隐半现墨绿色的"珠子","珠子"比米粒儿大,比黄豆小,和绿豆大小相仿,晶莹发亮,宛如珍珠。用勺子擓半勺入口,"白色的雪"嫩鲜糯滑,那"雪里的珠子"饱含着水,是有弹性的,稍不留神,就在舌尖上没了踪迹。

彭文瑜先生说:"雪花刚落时,每一片似乎都是站着的,看过去,地上便是毛茸茸的。这道菜炒出来,最好的状态便是如此,必须象形，要像刚刚落地的雪花，雪里藏珠才能名副其实。如果是僵硬的一块，或囫囵的一团，就要减分。"看起来像雪，又像雪一样在舌尖化掉，这是"雪里藏珠"这道菜努力要达到的境界。也许是因为这道菜对老年人牙口的"友好"，在孔府档案里，"雪里藏珠"多次出现在寿庆宴里。

彭文瑜先生的大徒弟、孔府菜省级传承人葛平一丝不苟地还原着这道菜。雪里藏珠，不仅菜色要像雪，形态也要像雪，要松散，不能成团。

做这道菜要选鸡小脯。鸡胸肉有大脯、有小脯，大脯就是鸡胸肉，小脯就是鸡里脊，也叫鸡牙子。小脯，更嫩一些，把小脯内筋都要剔掉。说雪里藏珠是手艺菜，最难的地方，是准备材料鸡料子的时候，剁得必须细，先切后剁，成片，成丝，成丁，最后成茸。

二两鸡小脯剁成茸，加高汤，把鸡茸澥开；均匀后，加些许料酒，继续把鸡茸澥开；加四个鸡蛋清，先搅入一个，再搅入一个，循序渐进，要耐得住烦，不能将四个蛋清一齐加入。加完蛋清后，加入约两倍蛋清量的高汤，然后加盐，等澥开后再看鸡茸，在高汤、料酒和蛋清里，早没了踪影，眼前，只是一大碗不辨面目的"汤"。看着这碗"汤"时，我实在想不出这一碗"汤"如何炒成一盘菜。

孔府菜省级传承人葛平师傅特别关照了锅。铁锅刷洗得极干净，用油一遍遍地滑锅，把它养得油光锃亮。饱吸了油的锅，不粘，像一个终于餍足的人，面前再摆上什么也没了兴致。

最后是炒。不苟言笑的葛平师傅，此时愈发地严肃。这道菜是道体现"勺"功的手艺菜。

"汤"是一点点进锅的，成团一部分，再下一部分"汤"，成团一部分，再下一部分"汤"……前后总共分了五、六次，这一大碗"汤"才终于在炒勺里完全现了形。最后，加进发好并焯过水的葛仙米，一道恰到好处的"雪里藏珠"就成了。

什么才是恰到好处呢？一向有问必答的彭文瑜先生，对这个问题的回答也有些为难："很复杂，不是一句两句能说清楚的。它与炒锅的厚薄、火力的大小及手头的麻利程度，都是有直接关系的。兑鸡料子的稠稀度与以上的每项都要配合，才能达到恰到好处。出来的成品表面才能达到毛茸茸雪的状态，最终达到雪里藏珠的目的。"什么是恰到好处？"毋不及，毋太过。"朱自清在《经典常谈》里，评价《左传》里君臣的对话，说："只是平心静气地说，紧要关头却不放松一步；真所谓恰到好处。"[1] 这话也好似在说一个顶级厨师，有条不紊，从容不迫，又全神贯注，紧要

---

[1]　朱自清：《经典常谈》，人民文学出版社，2023，第40页。

处心手合一的状态。这是一个只可意会，难以言传的境界。这是在时光中，在反反复复的实践中累积的一份得心应手，心领神会。似乎有些玄妙，似乎又"无他，惟手熟尔"。

十五年前，彭文瑜先生在湖北找到理想的葛仙米。为什么放葛仙米，而不是别的？不仅是因为葛仙米的形态、颜色与白色相衬，好看，"以柔配柔，以黑间白"，还因为葛仙米的药用价值。彭文瑜先生说，孔府菜讲究药食同源，所以特别看重葛仙米的药用价值。在很多医药典籍中都有葛仙米药用的记载，葛仙米味甘、性寒，"清神解热，痰火能疗""清膈，利肠胃""益气明目"，有治疗夜盲症、烫伤的功效。

食不厌精，找到最好的原材料，是做好菜品的基础。如袁枚所言，原料若不能如西施一般，作料虽有天姿虽善涂抹，终是"敝衣蓝褛""难以为容"。

葛仙米，并不是米，是藻类，学名叫拟球状念珠藻，是地球上最早出现的光合自养生物之一。它附生于稻田、浅水池沼、湖、溪流、沼泽地里，溪的砂石间或阴湿的泥土上，对水质和环境要求非常高。它不需要人的干预，自己在水田里就长了出来。它爱长就长，说没就没。它是无根无叶、无花无果的水中珍珠。湖北恩施鹤峰县走马镇的向先生说，野生的葛仙米就长在普通的稻田里，每年的九十月份，水稻收割之后，葛仙米就开始生长了，在来年插秧之前，葛仙米就成熟了，四五月份收获。如果到插秧的时间，气温一高，它就会全部烂掉。这个东西很奇怪，不是每块田里都有，很多田在一起，上面的田有，下面的田就没有，今年长了，明年不见得长。田里面要施农家肥，还要一直有水，如果打了药，打除草剂，百分之百是不长的。

因为葛仙米在早期发育阶段，肉眼根本看不到，在古代，人们就以为是老天爷赐给的，所以又称它为天仙菜，因外形像木耳，又称水木耳。它是墨绿色的，外表珠圆玉润，弹性十足，内在是凝胶状的，像果冻，没有味道。上乘的葛仙米，比米粒儿大，比黄豆小。我买过干品葛仙米，芝麻粒大小，表皮卷曲，形状不一。

在中国真正推动葛仙米走进公共视野的，是中科院水生生物研究所黎尚豪院士。他生前多次到湖北鹤峰县走马镇考察。据《梅州院士录》记载：

湖北鄂西山区鹤峰县一个叫走马坪的小山村，出产一种稀世山珍葛仙米。每年仲春，当地男女老少不顾春寒冷冻，成群结队挽着裤管，赤着双脚下到腊水田（冬泡田）里，用虾笆（一种漏水篾器）采捞一种沉在水底、色墨绿、形似珍珠的葛仙米。葛仙米，古名天仙菜、天仙米，俗称田木耳或水木耳，属藻类蓝藻纲、念珠科。因葛仙米生长对其自然条件（如气候、土壤、阳光、经纬度、海拔等）要求极高，当今世界上仅非洲有极少量发现。而鄂西山区是世界上最大的葛仙米产区，这里适宜葛仙米生长的水田、池沼达1万多亩。①

关于葛仙米还有一个传说：东晋人葛洪途经鹤峰走马镇时，采小小的地耳以为食，获健体之功效，就把它献给了皇上。体弱多病的皇太子吃了之后，病除体壮，皇上感葛洪之功，遂赐名"葛仙米"，一直沿用至今。

葛仙米的曾用名挺多，还有葛花菜、葛乳、地耳、地踏菇、地软、地木耳。最让人啼笑皆非的是《野菜博录》里对它的称呼：鼻涕肉。鼻涕，说的是它的状态；肉，还真是客观地评价了它的价值，高蛋白，高营养。人工养殖的葛仙米，就是在室内培育的，尺寸会一模一样大，很圆。水车在里面搅动，水流在运动的情况下，葛仙米就会很圆。而在田里面野生的葛仙米，因为水面是静止的，它就不会那么圆。野生的口感，糯一点，软一点，香一点。入菜时，要提前水发一宿，上锅蒸四十分钟，入水胀发。

---

① 梅州市政协文化和文史资料委员会编《梅州院士录》，内部资料。

在中国，葛仙米有近两千年食用和药用历史，自古为高端养生食材、皇家御用珍品，有"植物鱼子酱"之称，两三千元到五六千元一公斤，价高，用开水泡发，少少的一小捏儿，就能泡发一小碗。因为"挺出数"，它价高的缺点也就被忽略了。

葛仙米作为食材，也出现在袁枚的《随园食单》里：

将米（葛仙米）细捡淘净，煮半烂，用鸡汤、火腿汤煨。临上时，要只见米，不见鸡肉、火腿搀和才佳。此物陶方伯家制之最精。①

将掺杂在葛仙米中的杂质挑干净，再用水清洗好，煮至半熟时，再用鸡汤、火腿汤去煨煮。上菜时只要取出葛仙米，鸡肉、火腿不要掺杂在其中最好。陶方伯家烹制的葛仙米最好吃。

清澈的汤里，漂着晶莹的墨绿珠子，不用吃，想一想，都是极美的。袁枚还提示，若喜欢素食，还可加入小豆腐丁，"以黑间白"。

中国陕菜官府菜里，有一道烩菜，也和葛仙米有关——醪糟粕烩葛仙米。顾名思义，主料就是葛仙米、醪糟粕。做法挺

① 〔清〕袁枚：《随园食单》，中国轻工业出版社，2022，第230页。

简单，把银耳加水炖至融化，银耳汁中加入泡发好的葛仙米、醪糟粑、白糖、黄桂、小金桔，烧开盛盆即可。烹饪要点，就是烩制时，加糖烧开即可，时间不宜过长，"醪糟粑时久则酒香流失"。[①]

清史里也有葛仙米作为宫廷御膳、贡品的记载，在末代皇帝溥仪的回忆录《我的前半生》中，就有提到自己在宫廷所食的"鸭丁熘葛仙米"：

所谓食前方丈都是些什么东西呢？隆裕太后每餐的菜肴有百样左右，要用六张膳桌陈放，这是她从慈禧继承下来的排场，我的比她少。按例也有三十种上下。我现在只找到一份"宣统四年二月糙卷单"（即民国元年三月的一份菜单草稿），所记载的一次"早膳"的内容如下：

口蘑肥鸡 三鲜鸭子 五绺鸡丝 炖肉 炖肚肺 肉片炖白菜 黄焖羊肉 羊肉炖菠菜豆腐 樱桃肉山药 炉肉炖白菜 羊肉片氽小萝卜 鸭条熘海参 鸭丁熘葛仙米 烧茨菇 肉片焖玉兰片 羊肉丝 焖跑趹丝 炸春卷 黄韭菜炒肉 熏肘花小肚 卤煮豆腐 熏干丝 烹掐菜 花椒油炒白菜丝 五香干 祭神肉片汤 白煮塞勒 烹白肉

① 郑新民、郑可望、朱立挺、郭国强：《中国陕菜·官府菜》，西安出版社，2012，第131页。

这些菜肴经过种种手续摆上来之后，除了表示排场之外，并无任何用处。我是向来不动它一下的。[1]

所谓"食前方丈"，就是吃饭时，面前一丈见方的大桌子上摆满了食物。这就是袁枚在《随园食单》里写的，所谓"目食"，多盘迭碗，不是给嘴吃的，是用来悦目的，是用来摆排场的。看罢，不禁感叹，御膳房准备的几十道菜，包括"鸭丁熘葛仙米"，溥仪并没有吃，只是例行摆摆样子，让皇上的目光检阅一下，就撤了下去。真是糟蹋了好东西。

雪里藏珠

扫码可看制作视频

① 〔清〕爱新觉罗·溥仪：《我的前半生》，北京联合出版公司，2018，第50页。

带子上朝，
原来是这样一道"光荣"的菜

孔府菜里，有一道"带子上朝"，也叫"百子肉"，子是莲子的子。菜呈上来，晶透软亮，一打眼似乎是东坡肉，下箸一尝，颤颤的，和东坡肉的味道完全不一样，甜的，烂而不糜，一触舌尖就化掉了。莲子，深嵌在猪五花肉里，也早已在肉里失了魂魄。浓郁的肉香与莲子的清香融为一体，只想着赶快再下一箸去分辨个究竟。

"带子上朝"，这道菜的名字，一看就带着行走朝廷，出身不凡的优越。一个说法是，慈禧在六十大寿的时候吃过孔府这道菜，连名字也是慈禧给起的。1894 年，慈禧虚岁六十，正好一甲子。清廷还留了一份叫《皇太后六旬庆典》的档案。庆典从九月二十五拉开序幕，一直到十月初十，达到圣寿庆典高潮。当日参与庆典的户部尚书翁同龢目睹庆典之盛大，回家之后在日记中写道："济济焉，盛典哉。"

在清廷"粉饰太平"的热闹里，七十六代"衍圣公"孔令贻和母亲彭氏及夫人孙氏也专程进京，彭氏婆媳于十月初四日（1894年11月1日）为慈禧太后进献了两桌早膳，作为贺礼。两代衍圣公夫人进献的席面，在《衍圣公府档案》第0005476号里有明确的记载，这两桌"添安"早膳，共耗银二百四十两之巨。婆媳俩进献的肴馔各为四十四品，主食为十二品，菜肴为三十二品。菜肴之中，大菜最少占十八品，燕菜五品，鱼翅三品，为了迎合慈禧爱吃鸭子的偏好，鸭肴又占了七品，其中六品是大菜。看《衍圣公府档案》，婆媳俩进献的肴馔里，并没有一道叫"百子肉"或"带子上朝"的菜。但是御膳房的厨师是不是另给加做了，就不知道了。反正传说慈禧和孔家婆媳一起进早膳时，很喜欢吃"百子肉"，但听了这菜名，想到自己只生一子，又十九岁驾崩，不禁伤情，脸色一下子就沉了，连手中的玉杯都"叭"地一声落在桌上。只听衍圣公孔令贻周旋道："天下的百姓都是您的儿女！"慈禧这才转悲为喜，口传圣谕："我看就把这道菜改叫带子上朝吧！"于是，"百子肉"就更名"带子上朝"了。这样的传说，总是有峰回路转的欢喜，也最容易在民间口口相传。

顺带说一句，孔府厨师张昭曾为慈禧亲自下厨的事，是缺乏现实依据的，衍圣公府的府厨不可能进入大内禁地御膳房的，同样，御膳房厨师也不可能与外界厨师合做御膳，这是宫禁制度严厉禁止的。根据赵荣光先生对现存第一历史档案馆清宫御茶膳房档案的梳理，这两桌席面，最合理的解释是，衍圣公府出钱向御膳房的厨师订制，然后以两代衍圣公夫人的名义进奉。

在《彭文瑜自述：关于孔府菜烹饪技艺的注解》里，关于"带子上朝"这道菜，彭文瑜先生是这样写的：

当七十六代"衍圣公"孔令贻为慈禧太后祝寿后，返回曲阜，族长摆接风宴，内厨为颂扬孔氏家族的殊荣，特以五花猪肉、内嵌莲子制作了此菜，并取名为"带子上朝"。寓意新颖，深得孔令贻的赏识。从此流传至今。

这一说法，颇能显示出孔府内厨的匠心，似乎也最合乎情理，因此获得了广泛的认同。

如何做好"带子上朝"这道菜，孔府菜技艺代表性传承人彭文瑜的徒弟、阙里宾舍的行政总厨孔浩，花费了将近三个小时的时间，让"带子上朝"这道孔府菜里的大件菜完美呈现。

做这道菜，一块上好的五花肉是关键。五花肉的上下、左右部分都不能用，只用中间的一方，脂肪厚薄均匀，二肥三瘦，五花三层。

带子上朝

一头猪只能出两块这样的五花肉。首先铁锅烧热，在热锅上烙猪皮。持续十到十五分钟，充分去掉猪皮残存的毛根，再在温水里，用刀反复将猪皮刮出肉色。再烧清水，将猪肉下锅焯水，中火持续大约十五分钟，将猪肉残留的血水煮出。

在此期间准备辅料。冰糖准备两种，一种是普通冰糖，一种是老冰糖。个头均匀的湘莲，在冷水里浸泡两个小时，上锅蒸四十分钟。自然冷却后，去掉两端，再去掉莲芯儿备用。

大约十五分钟后，把猪肉捞出洗净，第三次清水下锅，下锅后用中火煮一个小时，煮到八成半到九成熟，从锅中捞出改刀修形。将猪肉切成正方形去角修形后，改花刀，将猪肉切成均匀的块状，中间留缝。孔浩师傅特别嘱咐，改刀的深度最是要把握好，九成深，从肉皮外面能看到刀的痕迹才好，再将莲子一粒粒，嵌入猪肉的缝隙当中。准备好两片竹网，把嵌满莲子的五花肉放在一片竹网上，再将另一片盖上，上下相合，用类似牙签的细棍儿将竹网的四角固定住，改刀过的五花肉和莲子也就固定住了。锅里准备好竹垫儿，猪皮在下，上面扣一个能够拢住猪肉的大盘子。收汁的锅，最好是选择砂锅，易熟，皮肉还会更红亮些。

在另一口锅里炒糖色。锅中烧油，将普通冰糖倒入锅中翻炒，冰糖炒成棕红色起泡后，加适量水稀释，再加老冰糖，直到完全溶化，再将糖水倒入肉锅中，压实并没过盘子。

只剩下收汤一项了。"如火中取宝。不及则生，稍过则老，争之于俄顷，失之于须臾"。火又分文火和武火，煎炒用的是武火，煨煮用的是文火。收汤，是先用武火再用文火。先是大火五分钟烧开，改微火煨制，待肉质酥烂，肉皮红亮，汤汁微粘稠，改中火收汁。用大盘托住锅垫扣入大盘内（这时皮朝上），然后将锅内汤汁爆至浓稠时，浇在肉上即成。

"带子上朝"的寓意是孔府人辈辈做官，代代上朝，世袭爵位绵延不断。仕途子弟最大的盼望，当然是加官进爵、位列三公，如能世袭罔替，对于家族来说，更是莫大的荣幸。"带子上朝"，从此成了孔府记录历史、祝福未来的一道菜。《中国孔府宴》一书对此评价道："这些菜名所内涵的意义，已经超出了一般生活寓意的范围，而带有明显的政治色彩。歌当朝皇室之功，颂先祖及孔氏世家之德，以显示对执政朝廷的忠心，表达对先祖的追远之思，就是此类菜肴名称的作用和意义。"①

作为一个寓意美好的名字，"带子上朝"上得了餐桌，也上得了大门。孔祥龄、孔繁银合著的《孔府内宅生活》里，有两张"带子上朝"的文门神，一张文门神，头戴展脚幞头，白面长须，身着蓝色仙鹤补服，右手抚须，左手执笏板，旁侍一童子双手捧

① 满长征、赵建民主编《中国孔府宴》，中国轻工业出版社，2022，第50页。

瓶，瓶内插三戟，寓意为"平升三级"；另一张文门神，头戴展脚幞头，白面长须，身着红色仙鹤补服，佩玉带绶，左手抚须，右手执笏板，旁侍立一童子，持磬、如意，寓意为"吉庆如意"。美好的祝福，总是被反复使用。后来，在孔德懋女士出嫁，为新郎举行下马宴时，孔府内厨名师葛守田亲手制作此菜上席。"带子上朝"在喜宴上，又被叫作"百子肉"，寓意百年好合，多子多福。

孔府内厨名师葛守田，是孔府菜代表性传承人彭文瑜的师父，现在阙里宾舍宴席总管葛平的爷爷，而彭文瑜又是葛平的师父。葛家，是挟技自济南来孔府执厨的。彭文瑜先生也出身于烹饪世家，祖父、父亲都是拜孔府名厨为师，在孔府学活儿，掌厨从事管理。彭文瑜的祖父于1889年（光绪十五年）在曲阜西门里大街县衙东斜对过，开设了一处"长盛园"饭庄，在同行中地位显赫。彭文瑜1975年开始从事烹饪，得到了启蒙老师沈培新的关爱及精心指导，1983年拜孔府名厨葛守田为师。孔府内厨就是这样，世代相因，代代相传。庖厨间，刀俎事，大多是父子相承，或是亲朋相托，这让传承更为顺畅，"倾囊相授"的障碍也变小了。

关于这道"带子上朝"，网上出现了完全不同的做法，用料是一只鸽子和一只鸭子，并声称也是一道孔府菜。彭文瑜先生说，鸡、鸭、鸽本属禽类，不应用在"带子上朝"这个名字上，不仅用料不当，还是对孔氏家族的大不敬。究其原因，除了想借个卖点，还有对这道菜背后的渊源的茫然无知。

这道菜的重点，是原料，是火候，也是细节的完美。

孔府菜的"讲究"主要是从选料做起，用彭文瑜先生的话说要选"天地之精华"。选料的讲究，不仅是主料的讲究，配料也要讲究。"带子上朝"首先是选主料五花肉，从老一辈师傅那儿传下来选材的标准就是：一头猪劈两半，每半只取中间一块五花肉，一半只能做一份，五花的上下、左右部分都不能用，只用中间的一方，中间的这方肉四面脂肪厚薄均匀、肉质优良。再说配料，莲花最精华的地方，在于莲子。中医认为，莲子是非常好的滋补佳品，有补脾止泻，养心安神的功效。这道菜里的莲子首选是湘莲。

彭文瑜先生对配料非常重视："要出去考察哪些地方的原料是好的，需要标准化。该用什么就用什么，该用哪里的原料就用哪里的原料。比如，'带子上朝'里的莲子。最好的就是湖南的湘莲。具体是湖南哪里也要确定。追根溯源得到底儿。湖南的买不到，就买福建的，福建的买不到就买浙江的，浙江的是贡莲，浙江的若也买不到，再选择微山湖的莲子。过去就得这样，必须得这样，除非不用。如果上这道菜就得这样办。你不上这道菜就不必这样办。"这就是传承孔府菜的师傅们的执着与坚守，这就是工匠精神。

目前，公认的中国四大莲子，分别是：湖南的湘莲、湖北的湖莲、江西的赣莲、福建的建莲。为什么湖南湘潭的莲子就优于其他莲子呢？这要归结于湖南湘潭独有的地理位置，独特的土壤和气候。上有丰沛的降雨，从不吝啬，下有深厚的河泥，不酸不碱，而又四季分明，凉热有序。在210天左右的全生长期里，这里的莲花是被"富养"长大的。湘莲，在历史上被称为"贡莲"，至今已有二三千年的种植历史。湖南湘潭所出产的莲子粒大饱满，洁白圆润，质地细腻，清香鲜甜，天时地利荷和，这份优越是别的地方想模仿也模仿不出来的。

"湘莲"一词，最早见于南朝江淹《莲花赋》："看缥菱兮出波，摧湘莲兮映渚，迎佳人兮北燕，送上客兮南楚。"赋中不仅提到"湘莲"，而且提到"南楚"，南楚正是古时湖南地域的称谓。由此可知，湖南在南朝时代即已广泛种植湘莲。湘江边，爱花的屈原，也多次写莲花。明朝洪武年间，朝廷还正式规定，当年的湘莲须按时进贡，并以圣旨晓谕天下："湘莲纯属贡品，庶民不得食用。"可见湘莲的金贵，还有皇权的荒诞。

经过十几道工序，三个小时的慢工细活，一道完美的"带子上朝"便成了。这道菜的火候很重要。袁枚在《随园食单》里，对火候的论述，很是到位，"熟物之法，最重火候……道家以丹成九转为仙，儒家以无过、不及为中。司厨者，能知火候而谨伺之，则几于道矣。"① 烹煮食物，最重要的是掌握好火候。儒家以无过、不及为恰当，厨师了解了这点，小心掌控，那就基本掌握了火候。而长于做孔府菜的师傅，都是掌握火候的大师。

"带子上朝"原料的搭配也是好的。食物的配搭，如袁枚所说，就是相女配夫，有的性子相近，有的性格互补。五花肉和莲子，是两种完全物性相反的原料。五花肉为荤，莲子为素，一个产于地上，一个产于水里，一个性凉，一个性平，相承相济，相助相帮。"这个世界给人弄得混乱颠倒，到处是摩擦冲突，只有两件最和谐的事物总算是人造的：音乐和烹调。一碗好菜彷佛一只乐曲，也是一种一贯的多元，调和滋味，使相反的分子相成相济，变作可分而不可离的综合。"钱锺书在《吃饭》一文中提出的饮食"和谐"论，用在"带子上朝"这道菜上也是恰切的。

附：带子上朝菜谱及制法

---

① 〔清〕袁枚：《随园食单》，中国轻工业出版社，2022，第14～15页。

带子上朝

原料

猪五花肉 1 块约 750 克

水发湘莲 100 克

白糖 50 克

冰糖 250 克

花生油 25 克

带子上朝

制法

❶ 将五花肉在明火上烤至焦皮，放入温水中浸泡10分钟捞出，刮去焦皮泡，呈白色时用清水洗净，放入开水锅中用旺火煮至六、七成熟时捞出；将水发湘莲削去两端、去莲芯，嵌在划好的十字刀口处，呈葵花状，然后将锅垫托入锅内。打斜十字花刀（在无皮的一面），皮朝下放在锅垫上；将水发湘莲削去两端、去莲

❷ 净炒勺内加入花生油（25克）、糖（50克）炒至颜色发红起血泡时，加入清水，冰糖化开倒入锅内，用木炭慢火长时间的收汁（上面盖一平盘，经常转动锅垫，以防糊底），燸至酥烂呈紫红色时，用大盘托住锅垫扣入大盘内（这时皮朝上），然后将锅内汤汁再燸至浓稠时，浇在肉上即成。①

扫码可看制作视频

---

① 中国孔府菜研究会编《中国孔府菜谱》，中国财政经济出版社，1986，第125页。

孔子追求的诗礼人生与一道甜品菜

诗礼银杏，是孔府菜里必点的一道甜品菜，也是孔府菜里的大菜。成菜色如琥珀，清鲜淡雅，酥烂香甜，是孔府名馔中的上品。

菜的做法看起来很简单，但重点在四个字——慢火煨燔。在相似的做法里，各家都会在造型上有些许差异。有的店，会在银杏里面加一个削好皮的蒸梨，上书"诗礼银杏"。梨，清热止咳，和白果"敛肺气，定喘嗽"的功效相合，从食疗的角度看，这个菜的两个主要原料功能相近，相互扶持。梨要蒸得糯，一定得蒸两个小时以上。也有的店，会将豌豆蒸烂打成泥，倒入长方形模具，冷却后做成翻开的书本形，白果肉里加猪大油、白糖、蜂蜜、桂花酱、清水，燔至汤汁浓稠，把燔好后的白果肉均匀地摆在刻好字的豌豆黄压成的"书"上，撒上黑芝麻。蜜汁里，或可加上一点桂花酱，不仅味甜，还有花香。

彭文瑜先生提示这个菜的操作重点，言简意赅。

第一，是银杏要把苦味去掉，焯水后，放入化开的冰糖水中浸泡至内甜，浸泡冰糖水的时间，大约要有三个小时，达到里外甜度基本一致。当银杏不大苦时，再用蜂蜜、白糖熻制。

第二，要保证银杏的软糯，重点在这个熻字。熻，不是时间越长越好，最好在二三分钟内，时间不要过长，如果长时间熻制，白果会发硬，口感不软嫩。

第三，不勾芡，必须是自来芡，自成芡：以蜂蜜和白糖的浓稠度为主。和烧、扒菜一样，最后须收汁。收汁，就是汤汁在火上加热见开后，水分通过蒸发，汤汁会变浓稠，所以不勾芡。

诗礼银杏

成菜诗礼银杏，果然如预期，软、糯、甜，又不腻口。诗礼银杏和诗礼之家相合。关于学诗习礼，关于诗礼堂，在孔子的教育思想和孔庙里面都是非常重要的。

回望2500年前，春秋时的一抹阳光透过桧柏，洒向曲阜阙里的庭院，"诗礼庭训"的故事正在发生，《论语·季氏篇》里第十三章：

陈亢问于伯鱼曰："子亦有异闻乎？"对曰："未也。尝独立，鲤趋而过庭。曰：'学《诗》乎？'对曰：'未也。''不学《诗》，无以言。'鲤退而学《诗》。他日，又独立，鲤趋而过庭。曰：'学礼乎？'对曰：'未也。''不学礼，无以立。'鲤退而学礼。闻斯二者。"陈亢退而喜曰："问一得三。闻《诗》，闻礼，又闻君子之远其子也。"

伯鱼是孔子的儿子孔鲤。陈亢，字子禽，是孔子的七十二著名弟子之一，人一定聪明，也很有好奇心。他显然很想探究孔子是否偏心自己的儿子。"异闻"，指有别于弟子们的传授；"远"字，在这里是不偏爱的意思。陈亢问孔鲤道："你在你父亲那里听到些特别的教训吗？"伯鱼对道："没有呀！有一次，我父亲独立在堂上，我在中庭趋过，我父亲说：'你曾学过《诗》吗？'我对道：'没有。'我父亲说：'不学《诗》，便不懂如何讲话。'我退下后便学《诗》。又一次，我父亲又独立在堂上，我又在中庭趋过，我父亲说：'你学过礼吗？'我对道：'没有。'我父亲说：'不学礼，便不懂如何立身。'我退下后便学礼。我私下只听到这两番教训。"陈亢退下，大喜，说："我这次问一事，听得了三事。其一是该学《诗》，其二是该学礼，其三便是君子不对自己儿子有私厚。"①

孔子教子的记述，特别有画面感。孔子教育的重点和为人之道也彰显其中，学《诗》，习礼，对自己儿子没有私厚。

据《孔府档案》记载，孔子教其子孔鲤学诗习礼，事后传为美谈，孔子的后裔自称"诗礼世家"。五十三代"衍圣公"孔治在曲阜建诗礼堂以资纪念，堂前植两株银杏树，如今，诗礼堂前的两株银杏树，已粗大到两个人难以合抱。"诗礼银杏"这道菜里的银杏即取于此树。

诗礼堂，是孔庙东路的重要建筑之一。这里，是纪念孔子教育弟子读经习礼的地方，也是窥见孔庙意义的重要建筑之一。

相传孔子燕居之处，为现在曲阜孔庙东路，原址就在孔庙毓粹门东一个不起眼的小门内，是孔庙中最为古老的遗迹。五十三代"衍圣公"孔治，为纪念《论语》中"诗礼庭训"的故事，就在孔子故居不远处辟建了诗礼堂。明弘治十七年（1504年）孔

---

① 钱穆：《论语新解》，生活·读书·新知三联书店，2012，第382页。

庙重修扩建，因东庑东迁，诗礼堂也"稍迁而东"重建，"五间，高二丈八尺，阔七丈五尺，深四丈二尺"，次等青绿彩画，绿色琉璃屋顶。清康熙十六年（1677年）维修。现存诗礼堂面阔五间，进深三间，南面敞开，不设门窗。清康熙二十三年（1684年）皇帝亲临曲阜祭孔，并在诗礼堂举行经筵仪式，《桃花扇》的作者孔尚任曾在这里为康熙皇帝讲授《大学》，后受到赏识破格提拔进京做官。诗礼堂前的两株银杏树，已成为重要历史时刻的见证。

乾隆皇帝来曲阜时，曾多次赋诗刻石，立于堂右。其中有《诗礼堂赞》：

> 昔者趋庭，诗礼垂训。维言与立，伊谁不奋。
> 九仞一篑，愿勉乎进。御堂听讲，景仰圣舜。

乾隆的"赞"，也是挺赞的：讲过去，诗礼垂训，谁能不努力；看今朝，朕做得还不错，九仞之高，也是一土篮子一土篮子累积的，得继续好好精进。朕在这里听讲，心中充满对孔圣人的景仰之情啊！

相传孔子曾整理过《诗》。《诗经》是我国最早的诗歌总集。在春秋时代称其为"诗"或"诗三百"，因为共有三百零五首诗。

孔子对《诗》的内容非常推崇。子曰："诗三百，一言以蔽之，曰'思无邪'。"（《论语·为政篇》）——意思是说，三百多篇的《诗经》，可一句话高度概括之，就是提升和净化我们的心灵。孔子在《论语》里还多次提到《诗经》，比如《论语·阳货篇》里提到："子曰：'小子！何莫学夫《诗》？《诗》，可以兴，可以观，可以群，可以怨。迩之事父，远之事君。多识于鸟兽草木之名。'"这是孔子对《诗经》的价值和意义的一个评论和总结。他认为《诗》的思想是没有偏颇的，而且能够即景生情，能够观察风俗，能够合群相处，能够抒发情感。近可用来侍奉父母，远可用来协助国君，并能多认识鸟兽草木的名称。

孔子之所以说"不学诗，无以言"，是因为春秋各国各有语言，另有一套通用的语言系统称为雅言，《诗》以雅言编著，而各诸侯国间交际，雅言不可或缺，和今天的官方用语相似。还有一点，"迩之事父，远之事君"，就是朱自清《经典常谈》里说的：春秋列国，盟会频繁，使臣会说话不会说话，不但关系荣辱，并且关系利害，出入很大，所以，极重辞令。这也应该是孔子重视学《诗》的原因之一。孔子教导孔鲤学《诗》，尤其重视《周南》《召南》里的内容。南，是南音或南调，《诗经》里《周南》《召南》里的诗，相当于现在河南、湖北一带的歌谣。孔子说若没有学习这些内容，"其犹正墙面而立也与"（《论语·阳货篇》第十章），就好比有墙障目，看不到远处，不能通晓家事国理。

儒家的"礼"，有"三礼"，"三礼"指《周礼》《仪礼》《礼记》这三本书，是儒家有关"礼"的三部经典。在孔子眼里，人必须守规矩，社会必须尊重原有的秩序。《周礼》是"三礼"之首，这部书搜集了周王朝及各诸侯国的官制及制度，以儒家的政治理想加以增减取舍汇编而成。《仪礼》主要是阐述春秋战国时期士大夫阶层的礼仪。《礼记》是战国至秦汉年间的儒家学者为解释说明《仪礼》而写的文章选集。"不学礼，无以立"，礼作为社会制度和人际关系的总称，从古至今占据了极为重要的地位。孔子宣扬人要识礼、行礼，北魏开始各朝也都专设礼部。礼是人与人相处的法则，是与人友好，尊敬别人所必须遵守的规章准则。张帅在《〈论语〉中的文物古迹研究——曲阜孔庙诗礼堂》一文中，如此表述：

《礼》则与《诗》相对应，是古代礼书记载士以上贵族社会的生活礼仪，并规定了贵族生活与交往关系的形式，具有极为发达的形式表现和形式仪节。古礼包含大量行为细节的规定、礼仪举止的规定，人在一定场景中的进退揖让、语词应答、程式次序、手足举措皆须按礼仪举止的规定而行，显示出发达的行为形式化特色。这些规定在孩提时便开始学习，并养成自律，而这种行为艺术在当时是一种文明和教养，所以孔子才教导伯鱼"不学礼，无以立"。[1]

只要懂礼、守礼，立身于世便没有问题，没有兄弟也能有兄弟。《论语·颜渊》里的一个小故事，颇有意味。司马牛忧曰："人皆有兄弟，我独亡。"子夏曰："商闻之矣：'死生有命，富贵在天。'君子敬而无失，与人恭而有礼，四海之内皆兄弟也。君子何患乎无兄弟也？"商，是子夏的名。司马牛忧愁地说："别人都有兄弟，唯独我没有。"唉！独生小孩有独生小孩的烦恼。子夏说："我听说过：'死生由命运决定，富贵在于上天的安排。'君子认真谨慎地做事，不出差错，对人恭敬而有礼貌，四海之内的人，就成兄弟了，君子何必担忧没有兄弟呢？"做到了恭敬有礼，就能达到人际关系的和谐，四海之内皆兄弟了。子夏不愧是是孔子的好学生，估计经他这么一解释，一安慰，独生小孩司马牛肯定豁然开朗，转忧为喜了。

对于在中华大地上绵延了两千多年的儒家文化，"仁"是儒家思想的核心和灵魂；要想实现"仁"，最主要的手段，就是"礼"。孔子重视、信仰、推崇周礼，更利用一生讲习礼、发展礼，"礼"成为其教育弟子的重要内容。

附：诗礼银杏菜谱及制法

---

[1] 张帅：《〈论语〉中的文物古迹研究——曲阜孔庙诗礼堂》，《文物之声》微信公众号，2022年4月28日。

诗礼银杏

原料

水发银杏 1,000 克

冰糖 200 克

白糖 150 克

蜂蜜 50 克

猪大油 100 克

诗礼银杏

制法

❶ 将水发银杏用开水汆二遍，控净水分，冰糖研成碎末。

❷ 炒勺内加入猪大油，烧至五成热时，倒入蜂蜜炸出味时，加入白糖、冰糖、银杏慢火煨煸收汁，至金黄色出勺即成。①

———

① 中国孔府菜研究会编《中国孔府菜谱》，中国财政经济出版社，1986，第124页。

孔子的诗与礼，对中国文化的影响是深远的。诗礼传家、敦诗说礼、诗礼之训、诗礼簪缨，这些词语早已成为汉语中富有表现力的成语。在《红楼梦》开篇，女娲炼石补天剩下那块石头，正因为被弃于大荒山青埂峰下而自怨自叹。一僧一道来到它旁边，先是说些云山雾海、神仙玄幻之事，后便说到红尘中荣华富贵，打动了这块顽石的凡心。这顽石便也想到人世间去享一享这荣华富贵。二仙便把这块高经十二丈，方经二十四丈的顽石，变成一块鲜明莹洁的美玉，且又缩成扇坠大小，可佩可拿，那僧人说："然后携你到那昌明隆盛之邦，诗礼簪缨之族，花柳繁华地，温柔富贵乡去安身乐业。"[1]诗礼簪缨之族，说的就是既富且贵的家族。诗礼簪缨，簪缨，是达官贵人的冠饰，诗礼簪缨之族指书香门第，官宦之家，而不是腹中空空的暴发户，也不是刀尖舔血的武将之家。

一道"诗礼银杏"，让我们重新走进诗礼堂，走进孔子"学诗习礼"的私家学堂。腹有诗书，彬彬有礼，这样的人更容易得到尊敬和认可。大而言之，民族、国家亦然。我们说，中华民族是礼仪之邦，崇尚礼仪就是对传统礼文化的传承。

① 冯其庸重校评批《瓜饭楼重校评批〈红楼梦〉》，辽宁人民出版社，2005，第4页。

一道菜，有"诗"还有"远方"

同行的朋友第二天有事要先回，我触景生情，在阙里宾舍点了道"阳关三叠"，却无法通过菜名去判断这是个啥菜，看不出原料，也看不出烹饪方法。服务员说，"阳关三叠"又叫"三层鸡塔"，是一道咸鲜口的菜，摊鸡蛋薄饼卷鸡肉蓉和菜叶，半煎半炸，再切段摆盘。

阳关三叠，是唐代音乐人为诗人王维的《赠别》谱写的曲子，这道菜品的设计理念就源自王维的《送元二使安西》：

渭城朝雨浥轻尘，客舍青青柳色新。

劝君更尽一杯酒，西出阳关无故人。

这是王维为送元二西行戍边从军，在渭城分别时所作的诗，诗中的渭城是指秦时的咸阳城。元二所要到达的目的地安西，在现在的新疆库车。显然，在交通不发达的古代，这是一段前途未卜的漫长旅程。王维还写过两首让人过目不忘的送别诗："下马饮君酒，问君何所之？君言不得意，归卧南山陲。但去莫复问，白云无尽时。"而他的"山中相送罢，日暮掩柴扉。春草明年绿，王孙归不归？"更是平白如说话，却有隽永的深意与回味。

"阳关三叠"，在此借为菜名，这道菜多用于饯行，以表达主人的送别情意。这个菜名将诗意引入菜肴，让一道普通的菜，拥有了诗和远方的美，也拥有了祝福朋友之意。中国菜，讲究起一个好名字，有的雅，有的巧，有的质朴，有的谐谑，有的写意，好的菜名先声夺人。质朴的，直接从烹饪过程提炼出来，有主料，有烹饪方法，比如黄焖鸡；雅致的，比如神仙鸭子；机巧的，比如《随园食单》里的混蛋；写意的，如阳关三叠，不问问店家，便无法直接判断出这是一道什么菜。

王仁湘先生在《饮食与中国文化》一书中，认为"用历史的眼光看，菜肴的命名大体是以质朴为发展的主线，其间也不乏华彩名称"。① 先秦时代，菜名以原料和烹法命名的较多，到了汉代，菜肴的命名大体承袭了先秦时代的格式，少不了主料加烹法，一看便知是什么菜。长沙马王堆汉墓出土的竹简上的菜名，少数菜名还加了辅料，比如"鹿肉鲍鱼笋白羹"，更为直观。《齐民要术》里的菜名，也大约如此，蒸鸡、炙蚶、猪肉鲊，食料加烹

① 王仁湘：《饮食与中国文化》，广西师范大学出版社，2022，第365页。

法，一望而知。隋唐时，菜名不再质朴，"以味、形、色、人名、地名、容器名入菜名的现象已很普遍，带有感情色彩的形容词也开始用于菜名"，王仁湘先生判断，"这与文人们关注饮食的风气以及文学发展的程度有关"。①《清异录》里收录的隋唐时的菜名，真是令人云里雾里。开篇第一道菜"无心炙"，不看解释，根本不知道咋"炙"。还有一道"逡（qūn）巡酱"，默想了半天也不知其所以然，看解释才知，是用鱼、羊肉制成的肉酱。鱼、羊肉都是鲜嫩之物，顷刻可就，但与逡巡有何关联尚且不知，真是令人脑洞大开。到了宋朝，菜名又重归朴素。

孔府菜的菜名，除了朴素的、一眼能看明白主料和烹饪方法的，还有的就是典雅，有的来自传说，有的来自诗歌，这也往往意味着制作技艺会比较复杂。如诗礼银杏、一卵孵双凤、带子上朝、八仙过海闹罗汉、金钩银条、孔府一品锅、神仙鸭子、烤花揽桂鱼、雪里藏珠、鲁壁藏书等。这些孔府菜在美味、美型、美意之外，所取的名字也给予食者足够的遐想空间，算是孔府菜的一个特别之处吧。甚至有的菜品在诗情的加持下，拥有了人间烟火中的"仙气"，比如"黄鹂迎春"，其实就是炸春卷。

谢冕在《觅食记》一书中写：

---

① 王仁湘：《饮食与中国文化》，广西师范大学出版社，2022，第365页。

诗酒、烹调和文学的关联本来就不一般，赋予美食以诗意的，古往今来多有所在。以今人而言，我记忆最深的是诗人郭沫若为厦门南普陀一道素汤起的菜名——"半月沉江"！"半月沉江"，我未品尝过，也许只是半片豆制品，但却诗情满满，胜过了喷香美味！①

其实，"半月沉江"就是厦门的一道素菜，俗称"面筋香菇汤"。据说 1962 年，郭沫若先生来到厦门畅游南普陀寺之后品尝素菜，当时有一道传统汤肴，以面筋、香菇为主料，呈桌时面筋、香菇在汤碗中列为半月形状，汤漫其上，口味鲜美。郭沫若先生品尝后大为赞赏，据其形状为之命名为"半月沉江"，并将其咏入游寺的诗作中："半月沉江底，千峰入眼窝。三杯通大道，五老意如何？"从此"半月沉江"不仅是诗坛佳话，而且成为南普陀寺素菜中的一道名菜的名字。南普陀寺的素菜，素料素名，清纯素雅，名菜不少，面筋香菇汤因"半月沉江"之名竟一跃成为名菜之首。

孔府内厨从"阳关三叠"的诗意中得到启发，用鸡脯肉与白菜叶层层相裹，炸而烹之。一层鸡肉一层白菜，一共三层，正适

① 谢冕：《觅食记》，北京大学出版社，2022，第217页。

合送别曲一送三别的情调。这道
菜多用于饯行宴会，以表达主人
的送别情意，预祝客人旅途顺利
平安，可谓情意绵长。菜上来，
是摊的匀而平的鸡蛋皮饼，里面

阳关三叠

卷着鸡肉茸，油炸，再一层层叠在一起。色泽金黄，外焦里嫩。
主要原料为鸡蛋、鸡茸、菜心，口感是既嫩又有嚼劲，虽然是炸
的东西，但不油腻，符合鲁菜的特点。

阙里宾舍的"阳关三叠"，除了鸡蛋饼卷鸡肉茸，还用萝卜
雕了一个像模像样的"阳关"。了解了阳关，了解了在时光的磨
砺中早已消失的阳关古道，就会更加懂得"阳关"这两个字，对
中国人的情感牵绊，就更理解了一个好名字对一道菜的重要性。

究竟哪里是阳关？文学家并不纠结，但考古学家、历史学家为
了求索它确切的所在，一直在路上。甘肃省文物考古研究所的专家
郑国穆在《千年历史之谜，阳关古址今何在》一文里，详细描述了
寻找阳关古址的全过程，并得出结论：对于阳关关址，我们和前人
一样，仍然没有明确的遗址可以确认。按现在通行的说法：

阳关位于甘肃省敦煌市。阳关是中国古代陆路对外交通咽
喉之地，是丝绸之路南路必经的关隘。西汉置关，因在玉门关

之南，故名。和玉门关同为当时对西域交通门户。宋代以后，因与西方和陆路交通逐渐衰弱，阳关因此被废弃。①

　　十五年前，我去过阳关，更准确地说，不是阳关，是阳关故址。关楼，早已被千年的时间长河所吞没，只剩下一个土堆立于大漠戈壁之上，而这个土堆，就是被称为"阳关耳目"的墩墩山烽燧，上面由来自不同年代的风刻下一道道横纹。如果没有提示，它只是一个普普通通的残垣。还好，总比堂皇的假文物更质朴，更有穿越岁月的沧桑。惊讶、失望、唏嘘，拍了几张照片，正待离开，一个孤独的旋风柱由远至近，本以为还远着，可以躲过，那旋风柱已到眼前，竟比一间屋子还宽敞，把同行的二十几人，像包馄饨一样轻易地卷了进去，我用尽所有的气力闭上眼睛，屏住气息，把自己变小。也不知是过了几秒钟，还是几分钟，那旋风柱又远去了。嘴里是沙，眼角是沙，最不可思议的是，晚上回到旅馆洗澡，内衣覆盖的地方，也都是沙。只能说，这阳关的旋风，真是无远弗届，无孔不入。同行的朋友说，王维的"大漠孤烟直"里直直的"孤烟"一定是这旋风柱，

---

① 阳关古址，搜狗百科，网址：https://baike.sogou.com/v140518014.htm？fromTitle=%E9%98%B3%E5%85%B3%E5%8F%A4%E5%9D%80%EF%BC%88%E9%98%B3%E5%85%B3%E5%8F%A4%E5%9D%80%EF%BC%89，访问日期：2023年6月7日。

而不是报警的狼烟，更不是"此木成柴，因火成烟"的柴火烟。诚信也。

"阳关三叠"这首古曲，也被现代人恢复了。就是用一个曲调作变化反复，迭唱三次，故名三迭或三叠。"阳关三叠"的歌词均用王维原诗，后段是新增的歌词，每叠不尽相同。只有初叠加"清和节当春"一句作为引句，再加上王维的原诗。反复吟诵，真挚而沉郁。生活需要仪式感，古人，比现代人更有调调。可惜，今天我们中的大多数人已不会吟诵"阳关三叠"的古曲，只能点一道"阳关三叠"，用舌尖上的美味慰藉别离的心。

附：阳关三叠菜谱及制法

阳关三叠

原料

鸡脯肉 250 克

肥肉膘 50 克

猪花网油半张

嫩白菜叶 100 克

葱椒 15 克 鸡蛋黄 3 个

鸡蛋清 2 个 淀粉 25 克

精盐 2 克

料酒 25 克

植物油 250 克（约耗 75 克）

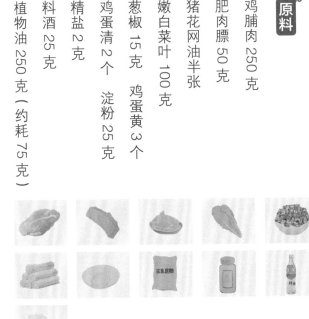

阳关三叠

制法

❶ 将鸡脯肉去筋膜，同肥肉膘剁成细泥，放一碗内，加蛋黄、精盐、料酒、葱椒调匀备用。

❷ 猪网油片去大筋，修整边沿；嫩白菜叶用开水烫过，捞出过凉；取一碗，将淀粉、蛋清合成糊备用。

❸ 将猪网油放在墩上，撒上适量的干淀粉，中间抹上一层鸡料子，放一层嫩白菜叶，再抹一层鸡料子，放一层白菜叶，再抹一层鸡料子（三层共2厘米厚），将猪花网油四面拆起，两头切去。取一大平盘，将三分之一的蛋清糊倒入盘内，把鸡塔放上，将余下的糊全部倒上，使整个鸡塔挂匀糊。

❹ 炒勺内加入植物油，待四成热时，将鸡塔推入勺内，两面煎制，挺身时加油少许进行半煎半炸，至金黄色时取出沥油。

❺ 将鸡塔放在墩上，剁成长约5厘米、宽2.6厘米的块，装盘摆成马鞍形上席。①

---

① 中国孔府菜研究会编《中国孔府菜谱》，中国财政经济出版社，1986，第65页。

豆腐，兜福，都福

说孔府菜，绕不过去一道熏豆腐。

孔府内外，熏豆腐是最接地气，也最平民化的孔府菜。这道菜，孔府有孔府的讲究，老百姓有老百姓的做法。大酒店、小餐馆、路边摊，在曲阜，炖煮熏豆腐一定是最容易找到的吃食。外地人尝鲜，本地人充饥，从外乡回来的曲阜游子，把下车先去吃上一碗熏豆腐当成抚慰乡愁最直接的方法。

说熏豆腐之前，先分享一个关于熏豆腐的传说：

相传，从前有一家姓韩的豆腐户，住在曲阜城东北先师讲堂附近，他家祖祖辈辈给孔府送豆腐。有年三伏期间，恰巧遇到连阴天，韩家老二做的豆腐给孔府送完后，还剩下不少。他怕天热放馊了，就把豆腐切成许多小块，摆在秫秸帘子上晾着。谁知他家不慎失火，晾豆腐的秫秸帘子烧着了，由于天阴帘子湿，晾晒的豆腐块有的被烤煳，有的被熏成了棕黄色。韩家老二舍不得将这些豆腐扔掉，便取了一些没烧糊的豆腐块放在盐水里煮了煮，煮好后一吃味道还挺不错，于是他便给孔府送去一些，让衍圣公品尝，衍圣公一品尝，口感特别，味道甚好。

从此韩家老二就专门给孔府制作熏豆腐，熏豆腐也就成了孔府的一道保留菜品。

曲阜东站下车，息陬农贸市场北头路西，有一个热气腾腾的熏豆腐摊——靳老太豆腐锅，这是息陬镇名小吃，是市井百姓的吃法。豆腐锅的全称是"五香油辣熏豆腐锅"。把熏豆腐与五花肉放入冒着热气的锅内，加水，再加入辣椒、茴香、花椒、桂皮等作料一起炖煮。这种熏豆腐锅要炖煮很长时间，肉块及作料的香才能浸透豆腐。经过熏制的豆腐表面紧实，内里细白鲜嫩，吃起来有浓郁的果木香或谷糠香。

自称已经干了四辈儿的靳大姐六十多岁，坐在铁锅旁边，把入了味儿的熏豆腐一片片捵到黑色的陶碗里，用刀随意地在豆腐片上划上几下，再淋上一大勺自家的辣椒酱，上桌。

到了饭点儿，不仅人排队，还要排桌，有性急的，几个朋友抬着自己家的矮桌儿就来了，心急，也吃得了热豆腐。豆腐三块钱一碗，辣椒酱，各家有各家的好。有的客人直接要上两大碗熏豆腐，配上二号大碗盛的绿豆汤，汤里不见豆粒，只为消暑解渴。排队的大多是男人，一碗豆腐，两个馒头，是很多人的选择。靳大姐家还兼卖卤肉，猪头肉、护心肉、大肠。吃了豆腐，再把馒头掰开，里面抹上辣椒酱，夹上有肥有瘦的猪头肉、有嚼头的护心肉，狠狠咬上一口，真是很满足。

靳大姐说，她每天凌晨两点起来泡豆子，五点来钟捞豆做豆腐。白豆腐做好了，用一个长扁尺卡在豆腐上，比着长扁尺，用刀把豆腐均匀等份划开，再切成长宽五六厘米、厚一厘米左右的长方块，每一刀，手都极稳，上下一致；再把豆腐片肩挨肩地放到铁箅子上，熏完了一面，再用一样大小的铁箅子，对扣，把熏好的一面翻到上面，再熏另一面。铁箅子下面，是阴燃的锯末，木渣焐出的烟，浓重而执拗。有的家用果木锯末，下面燃以松、柏、梨、枣、苹果木锯末，有的家用谷糠。待白豆腐被熏烤至棕黄色，泛起油亮光泽时，熏豆腐就成了。别急，这个时候还要用凉水激一下，把热泼下去，就可以往下捡豆腐了。

彭文瑜先生说，传统的熏豆腐在熏烤燃料上更讲究，一般用松木、柏木、小米、茶叶、竹叶尖等燃烧熏制。这是一个新生的过程。不同的元素相逢在一处，便有了新的味道。这个传统方法听起来并不复杂，有恢复的可能。

熏豆腐带有独特的烟熏香。可凉拌，可炖煮，可切成薄片或细条，加大葱、辣椒或蒜薹熘炒，熏豆腐和辛辣味，似乎最是对脾气。在孔府菜系里，除了煮炖熏豆腐，熏豆腐还可做扒瓤熏豆腐、熏豆腐炒肉丝。我吃过大葱炒熏豆腐。豆腐有浓重的熏香味，滑，嫩，但熏香味盖住了豆香，对第一次吃这道菜的我，口感还是有点陌生，也没生出乍见之欢。

熏豆腐一般不过油，这与白豆腐不同。

孔府菜里的一品豆腐和乾隆爱吃的豆腐厢子，用的都是白豆腐，先过油，再在豆腐里挖洞填料烧制。明洪武二年（1369年），孔府"衍圣公"受封"一品"官位，自此以后，孔府的宴席中就有了用"一品"命名的系列菜品，"一品豆腐"就是系列之一。1959年，郭沫若到曲阜品尝此菜后赞赏说："我这次出来，先后到西安、洛阳、武汉、上海和南京，走了些大地方，做菜都不如孔府有特色，有风味，好吃。"并连声称道："好！好！果然名不虚传。"①

传统的一品豆腐以整块的豆腐为肴，豪放、大气，一改豆腐不登华宴的规矩。彭文瑜说："一品豆腐在早是一大块见方的，到了清末民初改为五块，到了20世纪80年代，国家兴了分餐制，便改为了十块。"十块小三角豆腐，里面是馅料，组成一整块方豆腐，就是为了分餐方便。

一品豆腐的烹调方法是燽。成菜端上来，豆腐表面还能看出锅垫子留下的类似胡椒粒大小的花纹，上面滋漫着油亮的芡。馅

---

① 中国孔府菜研究会编《中国孔府菜谱》，中国财政经济出版社，1986，第143页。

料里，有海参、干贝、口蘑、冬笋、虾仁、南荠、火腿、肉丁。用勺子挖一块，内涵丰富的馅料，连着豆腐，豆腐的口感不再单一，而有了诸多层次，素中有荤味，荤中有素香。

这时候的豆腐变成了藏宝盒。既然被当成"盒"，豆腐就得点得老一些，才能立得起、盛得住。一品豆腐，原是选孔府豆腐户所制的13厘米见方的整块白豆腐。豆腐户，是指专门给孔府制作、供应豆腐的佃户。这种佃户统称为"户人"，户籍在孔府，不编入地方保甲。现在制作此菜，选用北方厚实的豆腐为主料，不宜用南豆腐制作。北豆腐，就是点得比较老的豆腐。豆腐可以老到什么样子？可以老到挂在钩子上，可以硬得像石头。抗日战争时期，北京故宫文物南迁躲避战火，故宫人员西行来到宝鸡，吃到一种"硬得像石头"的豆腐。那志良先生在他所著的《典守故宫国宝七十年》里，回忆了这段趣事：

我们想吃豆腐……过去一看，灰黑的，硬得像石头。我们问他怎样卖法？他说，你们要一斤、半斤、四两都可以。我们说：我们买半斤吧！他用刀一切，用秤钩，称了一下，说："刚好半斤。"豆腐能用秤钩钩起来，我们是初次看到。回去用它做了汤，倒是豆腐的味道。①

① 那志良：《典守故宫国宝七十年》，紫禁城出版社，2004，第93页。

豆腐厢子，也是用白豆腐做成，烹饪方法是蒸。用刀把白豆腐切成长5厘米、宽3厘米、高4厘米的长方块（保证席上客人每人一块），过油后，打盖内挖洞，填上八宝料，再用蛋黄糊粘好豆腐盖，上笼蒸熟蛋黄糊，豆腐盖与豆腐厢成为一体后，再加冬菜等烧制而成。

彭文瑜先生说出了豆腐厢子与一品豆腐的一个微妙的区别：豆腐厢子的盖有一边是连着的，不是将盖全切下来。一品豆腐的盖，是将每一块三角形的盖全部片下来，再挖豆腐洞，豆腐的三面和上下，五面厚度均匀，再填馅料。

据《故宫宴》记载，乾隆三十年正月十六，乾隆帝从北京启程，开始了第四次南巡。至同年四月二十五日返京，近一百天时间里，御膳中"豆腐厢子"出现了二十八次：

这是一品以豆腐为主料的山东名菜，其做法是：先将豆腐切排骨块入油锅炸，炸后在豆腐的上端切一口，挖出豆腐瓤，像是一个一个小箱子似的，在里面填入以猪肉、海米为主要食材的馅料，再选择木耳、青菜心、玉兰片、蘑菇、笋丁等蔬菜，全部切碎与猪肉、海米混合成馅，再塞进切成排骨块的豆腐中。接下来制作烧汁，第一次的烧汁用来蒸豆腐，等蒸好之后即可装盘；第二次烧汁浇在豆腐上。厢子豆腐口味鲜美，营养丰富。豆腐做出来之后，长方形呈盒状，形似古代妇女梳妆用的镜厢，仿佛里面装了很多宝贝，故称"厢子豆腐"。①

网络上有一个笑话，两个人一问一答。

请问现在做什么生意最好？

豆腐生意。

为什么呢？

因为做豆腐最安全。做硬了是豆腐干，做稀了是豆腐脑，做薄了是豆腐皮，做没了是豆浆，放臭了是臭豆腐。

豆腐的吃法花样多，咋做咋有理。

四月下旬，北方的香椿才冒芽儿。在枯瘦硬朗的枝干上，紫赤的叶芽兀自向上发着。按汪曾祺的做法，"香椿拌豆腐是拌豆腐里的上上品。嫩香椿头，芽叶未舒，颜色紫赤，嗅之香气扑鼻，入开水稍烫，梗叶转为碧绿，捞出，揉以细盐，候冷，切为碎末，与豆腐同拌（以南豆腐为佳），下香油数滴。"② 做起来够简单。我用的是北豆腐，照虎画猫，"复制"了这道香椿拌凉豆腐，果然"一箸入口，三春不忘"。

---

① 苑洪琪、顾玉亮：《故宫宴》，苏徵楼绘，化学工业出版社，2022，第47页。

② 汪曾祺：《人间五味：插图本》，人民文学出版社，2020，第177～178页。

杭州有一道名菜，炸响铃。豆腐皮儿包瘦猪肉馅，成一狭长卷，再用刀剁成寸许长的小段，下油锅炸。这菜嚼起来发脆响，因此叫响铃。响是响了，我并不觉得有多好吃。汪曾祺先生说的另一种做法，我倒觉得更健康，也更美味："不入油炸，而以酱油冬菇汤煮，豆皮层中有汁，甚美。"① 唯有一点，吃的时候没了酥脆之声，响铃就变成"哑铃"了。

臭豆腐是中国人的一大发明。全国各地的风味小吃街，地不分东西南北，似乎都能找到臭豆腐，迎着风就能闻到那股臭味。摊床前站着人，每个人举着串着臭豆腐的竹签，吃冰糖葫芦似的吃起来。长沙火宫殿的臭豆腐是臭豆腐界的翘楚。它始创于清朝同治年间，其制作技艺已入选第五批国家级非物质文化遗产代表性项目名录。浙江绍兴著名的咸亨酒店，臭豆腐也是受人推崇的特色小吃。不过那里还有一个和豆腐相关的臭味菜，叫"霉千张"，臭味远胜臭豆腐，是为臭中极品。

我在《山家清供》里，看到过最美的一道豆腐菜"雪霞羹"：

采芙蓉花，去心、蒂，汤焯之，同豆腐煮。红白交错，恍如雪霁之霞，名"雪霞羹"。加胡椒、姜，亦可也。②

---

① 汪曾祺：《人间五味：插图本》，人民文学出版社，2020，第185页。

② 〔宋〕林洪：《山家清供》，中华书局，2020，第101页。

这道菜，应该在夏天做才好，选一朵芙蓉花，买一块嫩豆腐。粉白相映，不用吃，光看，就赏心悦目。我准备哪天复制一下，品品古人的小确幸。

还有一道"三白汤"，让人向往。豆腐携手白菜和笋，三种看起来平淡无奇的素食材，竟能煲制出鲜美的汤。

世人多知马叙伦是革命家、政治家、哲学家、教育家，还兼善古文、诗词、书法，殊不知，在他早年出版的随笔集《石屋余沈》中，可以看出，他还是一个美食家。二十世纪二三十年代的北京餐饮食谱中，有"马先生汤"，就是他首创的。据周简段的《老滋味》中《马叙伦与"三白汤"》一文：

何为"三白汤"？三白者，即白菜、笋、豆腐也。因皆为白色之物，故名。原料看似简单，做法却十分复杂，不但主料要选最好的，还要配以雪里蕻等二十余种作料。此汤烧制后，味极鲜美。马先生在《石屋余沈》中说：

此汤制汁之物无虑二十，且可因时物增减，惟雪里蕻为要品。①

① 〔宋〕周简段：《老滋味》，新星出版社，2008，第73页。

作料中最重要的是雪里蕻，别的尚可"增减"，唯此不可缺也。

一品豆腐

毛主席说过"锦州那个地方出苹果"，锦州苹果因此而不凡，当地还创作了一首反复吟诵的歌曲"锦州那个地方出苹果，锦州那个地方出苹果"。锦州比苹果还出名的，是干豆腐，南方人叫"千张"的。锦州有句俗语：干豆腐卷大葱，干啥啥都中。锦州干豆腐有三个特点，"干、薄、细"，"干"是指豆腐压得实、干爽；"薄"是指每张豆腐厚薄如纸，太阳底下能透亮儿；"细"是指豆腐里不含豆渣，口感细腻。蘸酱，卷葱，炒尖椒，入鸡汤煮丝，都中。辽宁和山东有一道相似的菜，葱丝、黄瓜丝、香菜，或配虾酱，或配肉酱，或配鸡蛋酱，再用一种东西来卷。山东卷在外面的是煎饼，辽宁卷在外面的大多是干豆腐，一口下去，满口的豆香、酱香和蔬菜的清爽。为啥锦州的干豆腐那么好，那么薄？据当地人说，是这里的水正合豆腐的意，锦州干豆腐闯出名堂的时候还是手工作坊时代，家家都有水井，现在地下水储量少了，有些留着锦州干豆腐老工艺的厂子还是要用地下水，把井打到了一百多米深。其实制作水豆腐也好，干豆腐也罢，最关键的还是品质优良的东北大豆，这是锦州干豆腐最好的物质基础。还有人说，辽西人把干豆腐当干粮来吃，制作者便有了精益求精的动力，豆渣滤得净，压制干豆腐时，多薄都不爱碎。

对北方人来讲，早餐离不开一碗豆腐脑。沈阳有一个豆腐脑连锁品牌，名叫"1949豆腐脑"。这家店生意很好，不断地有人进进出出。收银员的电脑里不断有订单进来，外卖小哥在门口排成一排等着取餐。豆腐脑的做法都差不多，关键在卤。咸与甜的争执，也是和人的饮食习惯相关。这家北方小店的豆腐脑当然是咸的。卤里有木耳丝、黄花菜、胡萝卜丝、鸡蛋丝，丝丝缕缕，浇盖在盈白如雪的豆腐脑上。小桌上有蒜泥和韭菜花，供客自取。下午两点，他家就关门了，上午和中午的生意，已让这个小店过得很好。

我吃过的最好吃的豆腐，是在辽阳太阳谷酒庄里吃的。做豆腐的张世龙师傅，今年六十周岁，从十九岁就开始跟着父亲做豆腐。酒庄里他有一套专属的平房，是他的豆腐坊，睡也睡在这里。傍晚五点，开始冷水泡豆。豆，在地里，只上有机肥，在盆里，只要当年的净豆，一粒是一粒。泡八个小时，秋冬要泡得更长。凌晨两点，张师傅就把两岁半的小毛驴牵出去，在外面绕几圈，拉干排净，进屋上套拉石磨。大铁锅，木柴火，手摇豆腐包，边拉磨边过滤边煮。豆浆煮熟后，要再过滤一次。留足客人需要的豆浆，剩下的豆浆做豆腐。卤水放到豆浆里，自然凝固。半小时后，倒进木盒，用粗白布捆盖上，大青石压紧，两小时，豆腐成型，三小时，豆腐筋性最好。早上五点多钟，磨豆子的毛驴已经卸套了。小毛驴不是演员，是实实在在的劳动力。张师傅家里四代做豆腐。他极爱干净，豆腐作坊的水泥地面，泛着幽光，散着水汽，有拖布拖不净的，他就用钢丝球擦拭。几十年如一日重复一件事，张师傅做出来的豆腐，是干干净净的香。

中国有个传统习惯，过年一定要做豆腐。豆腐，兜福，都福，兜得住幸福，人人都有福。我小时候，过年做豆腐，是妈妈和小姨的活儿，这可是过年之前的一个大活，磨豆子，手摇豆腐包过滤，煮豆浆，压板。我只记得水汽蒸腾之间，妈妈和小姨得忙活两天。我里屋外屋地跟着忙，心里却一直非常担心。因为我听见妈妈说要小姨准备好卤水，而《白毛女》里喜儿的爹爹正是喝卤水死的。这让我非常担心。

我便跟在小姨后面不停地问："豆腐里有卤水能不能吃死？"

小姨回答我："一物降一物，卤水点豆腐。卤水遇上豆腐，就没毒了。"

我又问："那喜儿她爹喝了卤水再吃点豆腐，是不是就能活了？"

"快出去抱点草烧火吧。"小姨撵我出去。

她只要回答不上来我的问题，就会把我支出去，这我明白。没有人回答我的这个疑问，一直到现在。

附：一品豆腐菜谱及制法

一品豆腐

原料

豆腐 1,250 克

水发干贝 50 克

水发海参 50 克

水发口蘑 25 克

冬笋 25 克

猪肥瘦肉 50 克

鲜虾仁 50 克

南荠 25 克　火腿 25 克

湿淀粉 10 克　酱油 50 克

精盐 2 克　料酒 50 克

高汤 750 克

花椒油 50 克

白煮肘子 500 克

一品豆腐

制法

❶ 将干贝、海参、口蘑、冬笋、肥瘦肉、南荠、火腿均切成 0.6 厘米见方的丁，连同虾仁一齐放入开水锅内一氽捞出控水，放入盛器内，加料酒（25 克）、精盐（一克），调拌均匀腌渍片刻；肘子切成大片备用。

❷ 将整块豆腐上下皮片去，再片下厚 0.7 厘米的块作盖，然后放入锅垫上，挖 10 厘米见方的洞（不要挖透），将馅填入，盖好盖，将肘子片固定在豆腐四周，托入砂锅内，加入高汤、花椒油、酱油及余下的料酒、精盐，慢火烧一小时捡出肘片（另做它用），用盘托着提出锅垫，扣在钵篮内。

❸ 汤勺内加入原汤烧开，用湿淀粉勾流水芡，见开浇在豆腐上即成。①

① 中国孔府菜研究会编《中国孔府菜谱》，中国财政经济出版社，1986，第143页。

"鲁壁藏书"，
舌尖上不断唤醒文化之殇的记忆

新冠疫情期间，也许是两千多年以来，曲阜第一次完全属于本地人。老城里，青石铺就的街道，闪着隐约的光，一眼可以从这头望到那头。拉客的马车排着队，在陋巷街北端背风的地方晒着太阳。我一出现在路上，马上就有一辆罩着厚塑料顶棚的人力车冲到我眼前，人力车上的围幔上书：有朋自远方来，不亦乐乎。

车夫自报姓马，说啥要拉我转一圈。他说，以前要五十元的路，他现在只要我二十元，可以去孔府、孔庙、颜庙、陋巷、孔林、城墙、曲阜师范大学、周公庙、少昊陵，景点多得听起来像转透了一个城，我若再不同意，就太不近人情了。我坐上去，对他说，你随便走吧，我其实最想找正宗的孔府菜吃一吃。他转过身，惊讶地看我，像是看一段不可雕的朽木、一堵不可圬的粪土之墙。

错愕之后，车夫说，那是巧了，我过去在孔府做过厨师。

这可真是巧了，上车。马师傅边蹬三轮车，边向我说起过去在孔府熏豆腐的往事，但马师傅更喜欢讲曲阜的老故事，并反复强调，听他一路讲故事，"导游费"应该超过打车费。但如何熏豆腐，我却没听出个大概来。

或是因为在曲阜老城区，孔府菜的招牌随处可见。"正宗孔府菜""孔府特色餐厅""孔府瓮肉""孔府面条""孔府煎饼"。随便走进一家，朴实的老板娘放下手中正在摆弄的手机，递给我一个"孔府名菜"的菜牌，塑料塑封卷着边角，上面有：神仙鸭子、一品豆腐、带子上朝、阳关三叠、一品蒸锅、金钩银条、诗礼银杏、地锅焖鸡、连年有余、金蝎爬山、一卵孵双凤等等。这些都是传统的孔府菜，至少菜名是，自带一份出身不凡的傲骄。

"鲁壁藏书"，不在传统孔府菜的菜单里，它是一道创新菜。我在阙里宾舍吃过这道菜，在一个机构的内部食堂也吃过这道菜，同一个菜名，原料完全不同，做法也不同。如果说，两道菜有什么相似之处，就是都打一个"藏"字，只不过一个藏了肉，一个藏了虾。

在阙里宾舍，此道菜的做法，是用白面烙成薄饼，卷了炸制的腌五花肉和小葱，做成书卷形状，用一根细细长长的葱叶把"书卷"系上，再配以瓜果雕刻成的"鲁壁"，取名为"鲁壁藏书"。此菜曾在上海世博会上获得金奖。

葛平师傅讲解了这道菜的做法：

把猪的鲜五花肉切厚片，用多种材料腌制。作料很多，葱、姜、蒜、辣椒、蒜蓉酱、辣椒酱、南乳汁、料酒、排骨酱等等，不放糖，不放花椒，腌制的时候，放进去一些薄淀粉，腌好油炸，五花肉改刀成细条，配香葱白，用单饼卷起来，用长葱叶系好。像一个个书简，一捆一捆地排列着。

傍上午的阙里宾舍后厨，小厨师们正忙着把炸制好的大片五花肉改刀，已备好满满两大饭盒，为即将到来的客人做准备。看来这道菜的认可度还是很高的。

在一个机构的内部食堂，"鲁壁藏书"的做法完全不同。是把面皮切得极细，包裹在去皮的整虾上，用油炸。为了保证虾熟，而外面缠绕的极细的面丝不焦，先把油烧热，一个笊篱置于锅边，把缠绕面丝的整虾放在笊篱里，一勺取热油，反复浇淋缠绕面丝的整虾，有个七八次，虾变红便熟了，面丝也熟而不焦，再整体下油锅复炸一次，虾便有了脆脆的口感，悉悉索索的咀嚼声中，粉白的虾肉才现了出来。丝缕不绝的面丝，似乎也成了中华文脉传承不断的一个象征。

曲阜孔庙诗礼堂北院，立有一堵高 3 米、宽 15 米的红色断墙，上有黄瓦脊顶，形同照壁。这堵墙不与任何房屋相连，兀自矗立在那里。墙前立一块石碑，石碑倚墙而立，上书两个红色隶书大字——鲁壁。"壁"字原本是上下结构，这里却写成左右结构，"土"字写到左下边，而且在"土"字上还多加了一点，这多的一个点，很突兀，别有深意。这堵名叫"鲁壁"的断墙，就是为纪念孔鲋藏书而筑的标志性建筑。这多出来的一个点，大概是在提示这堵墙壁里藏着对中国文化传承非常重要的典籍。

孔家和秦人的关系，到孔鲋"鲁壁藏书"，进入冰点。回看历史，周游列国的孔子，因为种种原因，独独没有去过秦地，这似乎"草蛇灰线，伏脉千里"，为后世的各种传说留下了想象空间。

孔子在他 55 岁的时候，率领弟子周游列国十四年（公元前 497 年到公元前 484 年），先后到过卫国、曹国、宋国、郑国、陈国、蔡国、楚国以及匡地、蒲城、叶地、晋国黄河边，但他却没有去过秦国，韩愈在他呼吁保护石鼓的《石鼓歌》中也写道："孔子西行不到秦。"后世分析原因，林林总总，看起来似乎都有些道理。有的说，秦地偏僻，不仅远而且险；有的说，孔子周游是为了推行周礼，孔子是来送"礼"的，不是来送命的，他对所去的国家是有选择的，秦国地处胡夷杂处之地，无礼可循，危邦不入，乱邦莫居；有的说，是因为个别诸侯国的蓄意阻挠，孔子在楚国没有得到重用，随后本来打算去秦国，楚国怕秦国重用孔子，用佯送暗阻的方法，在秦国边界的属国白羽（今河南省西峡县城东老庙岗一带）阻止孔子去秦；也有的说，"孔子西行不到秦"，是由秦国的国策决定的，秦国自立国以来一直处于战事中，尚武而且法律严苛的法家思想一直在秦国占统治地位，尚文崇仁的儒家思想不被他们所推崇，道不同不相为谋，孔子知难而退了。

当然，还有一些说法与以上推测正相反，比如：孔子一行人本欲去秦地，在潼关附近，看见拱爪站立、对日作揖的禾鼠，遇到谈吐不凡的老者，又受到盖城墙玩耍的小孩申斥，深感秦地已完成"礼"的教化，便断了去秦地游说的打算。

总之，孔子与秦国，没有完成双向奔赴，在外周游了十四年，栖栖遑遑，席不暇暖，孔子就是没有去过秦国。

孔子活到七十三岁去世，葬于孔林，孔林在曲阜城北。相传孔子当初把墓地选在这里的时候，孔子的弟子子路有些不太满意，他对老师说："这里背山不靠水，位置不是很理想。"没想到，孔子留下了这么一句话："不要慌不要忙，自有秦人来帮忙。"当然，这只是一个传说。

说着说着，秦人就来了。公元前 221 年，秦统一六国，建立了中央集权的国家。秦始皇统一中国后，车同轨字同形，他还想让人头脑里的思想也统一，于是采纳了宰相李斯的建议，烧光了当时流传广泛的儒家著作，又把反对秦王暴政的儒生埋掉。得到秦始皇即将焚书的消息，孔子九世孙孔鲋（也有说是八世孙，本书按《史记·孔子世家》和《孔氏祖庭广记》里的说法）便急匆匆将家中祖传的《论语》《孝经》《尚书》《礼记》等儒家经典，封藏在精心修筑、中间掏空的墙壁夹层中，到死也没有把它们取出。孔鲋之举被称作"鲁壁藏书"。

这期间，还发生了一件和孔林相关的事。秦始皇派人到曲阜，一面找书，一面派人在孔子的墓地前挖了一条河，要把孔子的墓地和他的故宅隔开，要断孔家的风水。此举正好把洙水河引过来，洙水从东向西流，"圣人门前水倒流"。从此，孔林有山有水，应了孔圣人"不要慌不要忙，自有秦人来帮忙"的预言。这些"严丝合缝"的传说，总是让万世师表的孔子又添几分神秘。

孔鲋"鲁壁藏书"之后，就和自己的弟子伏生隐居在深山中。这些"原版"经典静静地躺在孔家的墙壁里，躲过了秦朝的焚烧，也躲过了楚汉相争的战火。到了汉景帝年间，景帝的儿子被派到曲阜做鲁王，他就是鲁恭王刘馀，他嫌自己的殿堂太小，派人拆除王宫附近的民房，以扩建他的王府。一不留神，就拆除了孔家的墙壁，意外发现了这批秦代竹简。孔子第十一代孙孔安国，就将这些典籍献给朝廷。这些典籍一律是用秦朝的文字，也就是篆书书写的，相较孔鲋的弟子伏生口述他人整理的"今文经书"，这些"鲁壁"里藏的是更加原始的经典版本，被称为"古文经书"。

北京大学历史学系教授阎步克说："秦以刀笔吏治天下，专任文法狱吏。秦始皇统一六国之后，最初还是想用儒生的，把齐鲁一带的士人，弄了不少到咸阳来，要和他们一块兴太平，可是这些士人不改战国士人之习，入则心诽，出则巷议，议论朝政，批评政治。这让秦始皇非常恼火，因为秦国的历史传统没这种人，秦国对这种自由的思想文化活动实行排斥、禁止和严厉管制的态度。秦朝还有一种法律，叫游士律，那种游游荡荡的人，遭到严厉禁止，像孔子那样周游列国的人，在秦国都是犯法的。秦始皇面对他所陌生的、所不能忍受的士人，就开始了焚书坑儒。在陕西临潼洪庆堡的西南，传说就是秦始皇坑儒之处。此后，秦始皇还有烧书之举，在陕西酒水东岸，考古学家发现了一大片灰堆，厚度几十厘米，学者通过分析就判断这是当年秦始皇焚书所留下的灰。"

晚唐诗人章碣有一首《焚书坑》："竹帛烟销帝业虚，关河空锁祖龙居。坑灰未冷山东乱，刘项原来不读书。"大概意思是：把典籍烧了，秦始皇统治的帝业就虚弱了，动摇了。尽管有函谷关、武关的雄壮，也无法抵挡六国人的反抗。结尾两句是千百年来最为人所称道的名句。秦始皇本欲以焚书坑儒消弭祸乱根源，不想适得其反，焚书坑中的灰还没冷却，已是处处揭竿而起，秦王朝瞬间陷入风雨飘摇的境地。而最后灭亡秦王朝的刘邦和项羽竟都不是读书人。秦始皇"坑"了读书人，又被不读书的人推翻他的统治，这两句诗很有讽刺意味。

在孔庙宏伟的建筑群中，鲁壁体小而隐蔽，但作为中国传统文化的特殊符号，它是很有纪念意义的标志性建筑物，是中华文化脉络不断的一个象征。

在孔府菜里，还有一道比"鲁壁藏书"更古老的菜，就是烧鳇鱼骨。相传，"鲁壁藏书"之后，孔鲋和伏生就避祸嵩山了，并靠打猎捕鱼为生。有一天，伏生捉到一条灰色的大鱼，鱼脊上有两排骨甲。当地的渔夫说这叫鳇鱼。孔鲋就让伏生用火把鳇鱼烧着吃，孔鲋一边吃一边对伏生说："咱这是衔恨吃'烧秦皇（鳇）遗（鱼）骨'，卧薪传衍儒家经书。"于是，后世孔府菜中就多了一道"烧秦皇遗骨"的名菜。

孔府膳房的厨师们搜奇猎异地演变着肴品的花样，这样的传说或典故，就成为大厨们进行菜肴创新的文化基础。一次，孔府膳房内厨厨师仿效孔鲋吃鳇鱼，用桂鱼片和水发鱼骨做了一道红烧鱼骨的菜，为解孔氏先祖的遗恨，唤作"烧秦皇遗骨"。这道菜呈酱紫红色，宛若烧鳇鱼骨。在菜品丰富的孔府宴席上，这道菜流传至今。

中华民族的文化有多灿烂，它经受的苦难就有多频仍。如果说，秦始皇的"焚书坑儒"是中国历史上的一次极其重大的文化之殇，日本的侵华战争无疑是另一次。当代作家祝勇在《我眼中的故宫文物南迁》一文中写道："1933 年，新年刚过，山海关就被日军攻陷，北平城袒露在日军的机械化部队面前，成为一座无险可守的危城。为了躲避保护收藏在故宫里的文物珍品免于损毁劫掠，故宫人带着 13427 箱零 64 包文物离开紫禁城，开始了漫长的迁徙之旅。除了故宫博物院文物以外，故宫人还带着古物陈列所文物 5414 箱，颐和园文物 640 箱 8 包零八件，先农坛文物 88 箱，中央研究院文物 37 箱，国子监文物 11 箱，内政部文物 4 箱，共计 19621 箱 72 包零 8 件文物奔赴中国南方。从这一天开始，故宫前辈们筚路蓝缕，负重远行，克服了九九八十一难，才把文物护送到远离销烟的大后方，又在战争的销烟散尽之后，带着大部分文物平安归来（一小部分运至中国台湾），从而完成了人类文物保护史上最伟大的壮举。"①

抗战胜利后，故宫人行将离开驻留了将近八年的乐山、峨眉，当地民众依依不舍。故宫博物院报请国民政府批准，以国民政府名义，向存放过故宫文物的安谷"一寺六祠"，以及峨眉的

① 祝勇：《故宫文物南迁》，人民文学出版社，2023，第53页。

武庙、大佛寺、土主祠、许祠授予"功侔鲁壁"牌匾，以表彰乐山人民为故宫文物南迁珍存做出的巨大贡献。故宫文物南迁停驻于此，与"鲁壁藏书"有着同样的性质和意义。"侔"的意思是等同于，"功侔鲁壁"，就是功德等同于"鲁壁藏书"。在国家危亡、文明的传续受到威胁之际，知识分子挺身而出，承担起延续文化命脉的责任。而这一几乎不可能完成的使命，如果缺少了民众的支持，是不可能完成的。马衡院长亲自书写了"功侔鲁壁"牌匾，敬献给乐山、峨眉百姓，就是要向他们致以深深的谢意。这也是中华民族在文明传承上一件重大的事件。

中华文明是世界上唯一没有中断的文明。在这条从未断流的文明长河里，有多少古圣先贤孜孜矻矻，自强不息，他们从未放弃延续中华文化命脉的责任。如果说，孔子的后代用一堵墙延续了中华文明，中国的知识分子和普通民众，又在二十世纪，共同筑就了一堵万仞之墙，完成了延续中华文明的壮举。

一道"鲁壁藏书"，让我们再忆中华文明之殇，这是中华民族不应再承受的野蛮之重。

豆芽变身金银条的
"如意"芽生

　　小小的豆芽，是中国人的四季菜。即使在寒冷的冬季，豆芽也能在陶盆里盖着小棉被袅袅长大，以脆生生的姿态，安慰在冬季被白菜、土豆"伤害"的味蕾。豆芽小得很不起眼，却有独特的韵致。李时珍在《本草纲目》中记载，"惟此豆之芽白美独异"，袁枚《随园食单》称，"豆芽柔脆，余颇爱之"。白美柔脆的豆芽，在乾隆的膳单中也是常客，因为屈伸有度，外形酷似如意，还被称作"如意菜"。

　　孔府菜里，清炒豆芽"金钩银条"，是一道被传说加持、广受欢迎的菜；还有一道"金丝银条"，也叫"瓤豆芽"，做工繁复；被掐掉的豆芽芽头，也物尽其用，"丁香鱼翅"里的"丁香"用的就是豆芽的芽头。

　　豆芽适合春季吃。绿豆芽和黄豆芽是最常见的，现在市场上也有黑豆芽、豌豆芽。豆芽是豆子的升华。北京协和医院营养科于康教授在科普平台上的讲述，很好地解释了为什么要"春吃芽"。春暖花开之际，人们纷纷来到户外"舒活舒活筋骨，抖擞抖擞精神"，如果进行的运动较多，可能会因为无氧代谢而产生大量的乳酸。这些乳酸如果在体内不能分解，沉积下来，会使人产生疲劳感和酸痛感。豆芽里正好含有一种能够对抗乳酸、分解乳酸的天然物质，叫作天门冬氨酸，具有对抗乳酸沉积的作用。"春吃芽"，便可以缓解这种疲劳不适。豆芽还有一个非常重要的历史功绩，就是在明朝郑和下西洋的时候，在船上为海员提供了丰富的维生素C，从而避免了"海上瘟疫"——坏血病。

如何做出好吃的豆芽菜，彭文瑜先生说，金钩银条，豆芽不好是不行的。豆芽一定要胖、直、长，掐头去尾。做菜时，初加工就是把豆芽的根掐掉后换水泡上，冲洗后再下锅炒，装盘后看着干净利落，不乱。豆芽头，要在豆瓣下边2厘米处掐下，形成2厘米长的丁香形，黄色的豆瓣，如丁香花，绿豆芽如此，黄豆芽也如此。无根无头的豆莛，被称为银条，为4~5厘米长，"金钩银条"和"金丝银条"这两道菜，用的都是中间的豆莛。

"金钩银条"这道菜，是以绿豆芽为主料、海米作配料，经爆炒而成，具有色泽鲜艳、清脆咸香、爽口解腻的特点。具体做法如下：

1. 将绿豆芽用手掐去头和尾，留中段洗净，控干水分；海米用料酒泡软；香葱择洗净，切碎花；姜洗净，切末。

2. 锅内加入色拉油烧至六成热，放花椒炸香捞出，加海米炒干水汽，再下葱花和姜末炸香，倒入豆芽和青、红椒丝，边翻炒边顺锅淋入醋，炒至断生，加盐和香油炒匀入味，出锅装盘便成。

金钩银条里的"金钩"——干虾的形状也要好，最好是半圆形，两个"金钩"的头儿相对要成圆，寓意团团圆圆。如果几只虾在一个固定的点上均匀地摆放，成风车形，最是理想。找到这样合适的虾，这还真是有点为难，彭文瑜先生说："挑，自己去。天不亮就得去赶集。"虾的产地也重要，孔子博物馆的郭思克馆长说，他的经验里，青岛沙子口的小海米最好，鲜、香。郭馆长说的小海米，大概是鹰爪虾，也就是蛎虾做成的，煮熟、晾晒、去壳。蛎虾，主要产于黄海海域，它昼伏夜出，甲壳较厚。

彭文瑜先生说，"金钩银条"不要加"挂"字，说成"金钩挂银条"，是不专业的。丁是丁卯是卯，彭先生一点都不含糊。彭文瑜老先生反复提示：物尽其用，是孔府菜的一个原则。如"丁香鱼翅"和"丁香豆腐"，就用上了被掐掉的豆芽芽头。

自从公元前195年，汉高祖刘邦以太牢之礼祭祀孔子，首开帝王亲自祭孔的先河之后，历代帝王祭孔就延续不断，规模也逐步扩大，祭孔大典逐渐成为与祭祀天地、社稷并列的"国之大典"。作为特殊的官府菜，孔府菜也就常常和宫廷、和皇上皇后有了关系。传说，乾隆皇帝有一次来曲阜祭祀时，由于连食山珍海味已腻不入口了。一日中午，皇上进膳甚少，侍膳的衍圣公便命厨房想尽一切办法做出新菜品。无奈的厨师索性来了一道至简的菜——随手将豆芽洗净，加几粒花椒爆锅，炒熟后送上宴席。乾隆皇帝被这菜的清香吸引，高兴地品尝起来，并称赞道："味道果然不错。"[①] 后来，孔府的厨师又在豆芽中加进了鱼翅。豆芽掐去根须，保留芽头，看起来恰似丁香花，鱼翅犹如根根银针穿小花，白中闪亮，新颖素雅。豆芽和鱼翅，极贱与极贵，就这样成了一对神仙组合。

豆芽配鱼翅，正如豆芽配燕窝，都是"以极贱配极贵"。《随园食单》称："然以极贱配极贵，人多嗤之。不知惟巢、由正可陪尧、舜耳。"[②] 燕窝，在袁枚的眼里，是和鱼翅一样的"极贵""至清"之物。用便宜的食材去配昂贵的食材，这就像巢父和许由这样的隐士，正好可以配得上尧、舜这等圣人。"清者配清，浓者配浓，柔者配柔，刚者配刚，方有和合之妙。"[③]

---

① 中国孔府菜研究会编《中国孔府菜谱》，中国财政经济出版社，1986，第14页。

② 〔清〕袁枚：《随园食单》，中国轻工业出版社，2022，第241页。

③ 〔清〕袁枚：《随园食单》，中国轻工业出版社，2022，第32页。

豆芽配燕窝，豆芽配鱼翅，这样的神仙组合，也许是豆芽的芽生里，一件"至清""至美"的如意事了。

《清稗类钞》中还记载一种有关豆芽的极致吃法："镂豆芽菜使空，以鸡丝、火腿满塞之，嘉庆时最盛行。"这不就是往豆芽里塞肉吗？豆芽那几个毫米的直径还能塞进去肉吗？这精细的程度真的可以和苏州刺绣相媲美了。这一款极费工时的精细菜品——"瓢豆莛"，选用粗壮的绿豆芽，掐去两头，用70℃水汆过，用细竹签穿其中空，将鸡肉茸和火腿丝分别塞入豆莛中，制成红白心两种豆莛，经热油爆炒而成。做一盘菜，两个厨师光瓢制鸡茸和火腿就需用4个小时以上时间。现代制作此菜用医用细针管向豆莛中注填肉料，效率大有提高。但这道极费工夫的菜，如今只能在典籍里看看罢了。

在孔府菜里，也有这道瓢豆芽。这道菜，还有一个亮闪闪的名字，叫金丝银条。最早的瓢豆芽和康熙相关：

清康熙帝南巡归来的途中，幸驾曲阜。那天的领班厨师姓张。徒弟们按张师傅的指点，豆芽掐头去尾，用秫秸篾在每根豆芽的一边开一道细缝，镶嵌上极细的熟鸡丝，备好上等粉糊，等待师傅使用。主宾席上饮得正酣畅，盘子户人又把一道热炒端上来，满坐皆不识得。只见这道菜，光明耀眼，如一盘白银条，食用起来，口感独特，香爽溢口，盘子户人禀报出"金丝银条"的菜名，举座皆赞。①

这道"瓤豆芽"，也是慈禧喜欢的一道菜。清代末期，慈禧太后有庞大的寿膳房，还设私厨、请厨师。慈禧的私厨叫西膳房，在西膳房担任首领的是谢太监，其弟谢二，还有王玉山、张永祥等都是当时有名的厨师，效力于西膳房，各有绝活，善于制作各种味美的膳食。《故宫宴》一书记载：

张永祥，制作菜品精细、色形美观，在口味上讲究清、鲜、酥、嫩。他的拿手菜是瓤豆芽、瓤扁豆、瓤冬瓜等。其中最出彩的当是瓤豆芽：将豆芽菜去两头，用铜丝挖空，然后塞进由鸡肉或猪肉剁成末制成的馅，再蒸熟。扁豆也是如此，去两头，挖出豆粒，放进肉馅，上笼屉蒸熟，味道清香。②

我猜想，厨师费这么大劲，大概是因为慈禧晚年牙口不好，又喜欢吃豆芽，又喜欢吃鸡肉，鸡肉塞牙，只好把鸡肉剁成泥塞进豆芽里，一举两得。

---

① 彭文瑜：《承祖训创新法的孔府菜守护者——彭文瑜》，内部资料。
② 苑洪琪、顾玉亮：《故宫宴》，苏微楼绘，化学工业出版社，2022，第149页。

豆芽，还是清炒来得爽利。在中国北方立春这一天，必吃的一道菜就是清炒豆芽。勤快、讲究仪式感的主妇，一定要在这天烙春饼、炒豆芽。

我小时候，大人们都爱在春天发豆芽。把上一年的绿豆，用热水激一下，滗出去热水，加温水，蒙上纱布，盖上盖帘，蒙上棉被，放在热乎乎的炕头上。几天功夫，绿豆就裂开了嘴，小芽头便冒了出来，一天一换水，眼见着蹿高。发豆芽时，不能太热，也不能太冷，热了，豆芽容易长得太高太细，要在豆芽上面压一个不轻不重的东西，把豆芽压得胖一点、矮一点才好。现在可简单多了，有豆芽机，加上水，插上电，温度可控，等着吃豆芽就好了，方便省事。

春饼要半烫面，越薄越好，两只手拎起来，透过饼能隐约看得到对面人的轮廓，"薄若蝉翼，大若茶盘"。饼上摊各种颜色的菜，能切成丝的都要成丝，白的豆芽，红的胡萝卜丝，黑的木耳丝，黄的鸡蛋饼丝，绿的青萝卜丝，炒在一起，就叫炒合菜，是春饼的专属卷饼菜；在北方，还有一个当家花旦——酸菜丝，加上粉条，有一个讨喜的名字"吉菜粉"。北方人把渍酸菜说成"吉"酸菜，吉菜粉大概从这口语里借音过来，音谐意也好。在这诸多菜里面，豆芽是必不可少的。丝丝缕缕的形状，红红绿绿的颜色，缠缠绵绵地摊在薄饼上，再卷成一个细长的蜡烛包，小心翼翼地送到嘴里。杨步伟先生还颇为贴心细致地在《中国食谱》

里提示："如果你没在薄饼上放太多东西的话，就可以把它卷好，将一端折叠起来，从另一端开始一段一段的咬着吃，直至你把整个薄饼和它里面多汁的馅儿全部吃完。经过足够的练习后，你就能优雅的完成以上动作，而不会把汤汁流涂到手腕上。"①

酸的辣的脆的软的，舌尖上已有了人间万种滋味的满足。春天，就这样被渴望春的人咬住了。

附：丁香鱼翅菜谱及制法

---

① 杨步伟：《中国食谱》，柳建树、秦甦译，九州出版社，2016，第270页。

丁香鱼翅

原料

水发鱼翅（散翅）200 克

绿豆芽 75 克

水发冬菇 10 克

水发冬笋 10 克

金银火腿 10 克

葱、姜片各 1.5 克

料酒 25 克　精盐 1.5 克

高汤 400 克　花椒油 25 克

猪大油 25 克

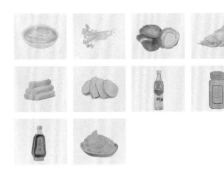

制法

① 将粗胖的绿豆芽掐头去尾，留中上部长约 2.5 厘米，水发冬菇、冬笋及火腿均切成长 4 厘米、宽和厚各 0.2 厘米的丝备用；鱼翅用高汤（300 克）氽过备用。

② 将炒勺置火眼上，加入猪大油烧至六成热下入葱、姜片，炸出香味，加入鱼翅、冬菇、冬笋、火腿、料酒 15 克、精盐 1 克、高汤 100 克，翻炒，盛入碗内备用。

③ 净炒勺内，加入花椒油烧至七成热时，放入绿豆芽及余下的料酒、精盐，颠翻两下，将鱼翅倒入，颠翻出勺即成。①

① 中国孔府菜研究会编《中国孔府菜谱》，中国财政经济出版社，1986，第 14~15 页。

脍，在时光隧道中迷路的鱼生

成语"脍炙人口"，藏着两道古老的菜，一道是脍，一道是炙。脍，是肉生、鱼生；炙，是烤肉，两道菜一生一熟。毫无疑问，脍是比炙资格更老的饮食方式，有火之前生着吃，有了火之后烤着吃，有了火之后，偶尔还要生着吃。脍，指代所有生切的肉片。脍字是形声字，从肉，会声，还可以写作"鲙"，在日语里，现在还有这个"鲙"字，喜欢吃日料的人大多知道，这就是鱼生，刺身。炙是会意字，上面是肉，下面是火，就是现在的烧烤。脍炙人口，原指鱼生和烤肉这两道美味人人都爱吃，现在用来比喻好的诗文、音乐受到人们的喜爱和传诵。

中国的"脍"究竟源起于什么年代已经不可考证，但至少在《诗经·小雅·六月》里，就已经有"饮御诸友，炮鳖脍鲤"的描述，其中的"脍鲤"就是鲤鱼的生鱼片。在公元前823年，周宣王北征归来的盛大场合，用炖甲鱼和鲤鱼脍大宴宾客。可见，生鱼片在那个时代也是一道很珍贵、上得了台面的"硬菜"。

孔子《论语·乡党》里说："食不厌精，脍不厌细"，孔子把"食"和"脍"相提并论，可见脍，在春秋时是一道相当寻常的菜。据考证，由于甲骨文里从没出现过"脍"字，人们基本可以断定，脍这种饮食方式应当是在先秦时期兴起的。当然，彼时的生食早已不是原始人奔放的吃法，而是上升到礼仪文化的高度，"食不厌精，脍不厌细""割不正，不食""不得其酱，不食"等等，对刀工的讲究、对食物最终形态的要求，甚至搭配的酱料都有如此繁多的要求，可见当时的生食早已不是茹毛饮血的原始吃法。

孔子的"食不厌精，脍不厌细"，被很多人理解成了日常饮食的最高准则。钱穆先生在《论语新解》里有不一样的解读：厌是餍足，"不厌"是不饱食之意，"食不厌精，脍不厌细"的意思是，"吃饭不因饭米精便多吃了。食肉不因脍的细便多食了。"[1] 这样的解读，与孔子曾说过的"君子食无求饱，居无求安，敏于事而慎于言"（《论语·学而》）相契合。

另有专家认为，孔子这句话并非说的是日常饮食，而是讲祭祀之法。祭祀祖先时准备的食物与平常的饮食不同，要更加精细、更加有讲究，以表达对先人的尊敬。深入研究儒家文化和

---

[1] 钱穆：《论语新解》，生活·读书·新知三联书店，2012，第227页。

孔府饮食生活三十余年的赵荣光教授在纪录片《天下鲁菜》中说："我们都理解错了这句话。'食不厌精，脍不厌细'的意思是说，米一定要放石臼里捣，去掉所有壳，才能保证米粒都是饱满的、完整的；即使切肉的工具不那么锋利，可是也要努力把肉切的薄而均匀。这是孔子对祭祀祖先祭品的要求，以表示对祖先的虔诚，而并非是孔子对日常膳食和烹调的要求。"这样的解释，应该符合孔子的生活理念和对"礼"的执着，应该是可信的。

汪曾祺先生在《吃食和文学》中的《四方食事》一篇中"切脍"一节，对"脍"做了细致的追踪和合乎情理的判断：

北魏贾思勰《齐民要术》提到切脍。唐人特重切脍，杜甫诗屡见。宋代切脍之风亦盛。《东京梦华录·三月一日开金明池琼林苑》："多垂钓之士，必于池苑所买牌子，方许捕鱼。游人得鱼，倍其价买之。临水斫脍，以荐芳樽，乃一时佳味也。"元代，关汉卿曾写过"望江楼中秋切脍"。明代切脍，也还是有的。

脍是什么？……杜甫《阌乡姜七少府设鲙戏赠长歌》对切脍有较详细的描写。脍要切得极细，"脍不厌细"，杜诗亦云："无声细下飞碎雪。"脍是切片还是切丝呢？段成式《酉阳杂俎·物革》云："进士段硕常识南孝廉者，善斫脍，縠薄丝缕，轻可吹起。"看起来是片和丝都有的。切脍的鱼不能洗。杜诗云："落砧何曾白纸湿"，邵注："凡作鲙，以灰去血水，用纸以隔之"，大概是隔着一层纸用灰吸去鱼的血水。《齐民要术》："切鲙不得洗，洗则鲙湿。"加什么佐料？一般是加葱的，杜诗："有骨已剁觜春葱。"《内则》："鲙，春用葱，夏用芥。"葱是葱花，不会是葱段。至于下不下盐或酱油，乃至酒、酢，则无从臆测，想来总得有点咸味，不会是淡吃。①

在唐朝诗人的笔下，脍，常常是以"硬菜"的形式出现的。"罇罍溢九酝，水陆罗八珍。果擘洞庭橘，脍切天池鳞。食饱心自若，酒酣气益振。是岁江南旱，衢州人食人！"这是白居易《秦中吟》组诗中的第七首《轻肥》的下阕。这边是"脍切天池鳞"的军中宴，那边是"衢州人食人！"让人情何以堪！这就是"朱门酒肉臭，路有冻死骨"的军旅版。

王仁湘先生的《饮食与中国文化》里，提及《清异录》抄录有谢讽的《食经》。谢讽为隋炀帝的尚食直长，他的《食经》就是御膳膳单，从这份十分珍贵的资料里，我们可以看到隋炀帝吃的是些什么。这份御膳膳单里有五十三种肴馔，和"脍"相关

---

① 汪曾祺：《吃食和文学》，文化发展出版社，2021，第113~114页。

的，竟然有如下这么多：

北齐武威王生羊脍、飞鸾脍、咄嗟脍、专门脍、拖刀羊皮雅脍、天孙脍、天真羊脍、鱼脍。①

在五十三种肴馔里，脍，竟然占了八种，近六分之一。这个食单看起来有些玄幻，实词容易理解，像"咄嗟""专门"这样的虚词已无法完全弄清"脍"的主料都是啥。只知道隋炀帝确实生猛，是个实打实的生食控，烤肉、腊肉、烤全羊、羹，每种做法大多一两道菜，只有脍，一道又一道，吃了八道也不厌倦。

山东嘉祥出土过《汉代脍鱼图》。两个宽袍大袖的人，在桌子前对坐，桌子上一条鱼，左侧还挂了一条鱼。一人持刀，一人手心向上伸向斜下方，似在谦让。很是明显，两人正在用刀割生鱼，佐酒谈笑。无法确认摆放在他们中间的是什么鱼。鱼的种类繁多，未必都适合做脍，对于什么鱼做脍最佳，宋朝人意见不一。一般来说，北方人多认为鲤鱼是做脍首选，南方人多认为鲈鱼做脍最美味。在成语"莼鲈之思"里，说的是鲈鱼更受欢迎。《晋书·张翰传》："翰因见秋风起，乃思吴中菰菜、莼羹、鲈鱼脍。""莼鲈之思"，说的是西晋人张翰的故事，并留下成语"莼

① 王仁湘：《饮食与中国文化》，广西师范大学出版社，2022，第40页。

鲈之思"，用来比喻怀念故乡的心情。

张翰是苏州人，在洛阳做官，当时是齐王马同执政。有一年秋天，张翰在家中和朋友小聚，正在推杯换盏之际，阵阵凉风裹挟秋意而来。张翰想起了老家苏州的莼菜羹和鲈鱼脍，他跟朋友们说："人这一辈子，最快乐的，莫过于做自己喜欢做的事，哪能为了高官厚禄，为了一个名爵，而在远离家乡的千里之外做事呢？"被一阵凉风吹醒了的张翰，说走就走，第二天他就上书齐王，辞官回乡，过上了他向往的生活。辛弃疾的词"休说鲈鱼堪脍，尽西风，季鹰归未？求田问舍，怕应羞见，刘郎才气。可惜流年，忧愁风雨，树犹如此！倩何人唤取，红巾翠袖，揾英雄泪！"用的就是这个典故。

"莼"，指的是莼菜。莼菜属睡莲科水生植物，在我国黄河以南地域的池沼河塘中都有生长，尤以江浙一带为多，每年阳春三月，是采摘莼菜叶的最佳时节。"鲈"，指的是鲈鱼，鲜嫩味美，长四至五寸，我国沿海都有出产。鲈鱼味甘性平，李时珍说它能"补五脏，益筋骨，和肠胃，治水气，多食宜人，曝干甚香美，益肝肾，安胎补中，作脍尤佳"。

宋朝人是真的爱吃脍。王仁湘的《饮食与中国文化》里，提供了一份《梦粱录》卷十六所列的菜单和食单，从中可以看到当时宋代临安的市肆饮食情况。临安人喜欢吃各种羹，百味羹、锦丝头羹、十色头羹、闲细头羹、百味韵羹，羹羹不同。临安人对腰子也是钟爱，酿腰子、焐腰子、盐酒腰子、脂蒸腰子，腰腰各异。还有一道菜最是怪异，菜名叫"假驴事件"，完全不知道这是啥。当然，宋代临安的路边摊里，脍的花样就更多了，香螺脍、海鲜脍、鲈鱼脍、鲤鱼脍、鲫鱼脍、群鲜脍、蹄脍、蚶子脍、淡菜脍，感觉就是海鲜河鲜开大会。

最让人意外的是鲫鱼脍。这浑身是刺的家伙，如何能被剔得骨肉分离呢？反正，制脍得有一把好刀。《食在宋朝：舌尖上的大宋风华》一书的作者李开周为我们描述了宋朝制脍的情形：

制脍的原料主要是鱼，不拘大小，选鲜活的为佳，然后开剖，清洗、刮鳞、摘鳍、斩头、去尾，将躯干平放在砧板上，左手按鱼，右手持刀，将鱼肉一片片切下。宋朝人做脍，有专门的脍刀，刀背甚厚，刀刃甚薄，刀面甚长，刀身甚短，正适合做脍人施展推刀法。切好的鱼片讲究薄如纸，亮如雪，白如玉，轻可吹起，这就需要刀工深厚。假如是新手制脍，鱼片不妨切得厚一些，再进一步缕切成丝，拌上精盐、香醋、萝卜丝、苦芥末、生菜叶食用，一样入味，一样鲜美宜人。中国历史博物馆收藏有一块宋代画像砖，人称《妇女斫脍图》。砖上画面，正是一厨娘头梳高髻，身穿交领右衽窄袖长

食光中的论语

孔府菜的美味秘境

104

衫，腰系斜格花纹围裙，袖口高挽，身前方桌上有一圆形砧墩，砧墩上摆着一条鱼，砧墩右侧有脍刀一把，似要运刀如风，操刀斫脍。[1]

这制脍的刀，不仅能制脍，危急时刻还能当免死牌用。《新五代史·吴越世家》说，身为越州观察使的刘汉宏，被追杀时"易服持脍刀"，而且口中高喊他是个厨师，一面喊一面拿着脍刀给追兵看，他因此蒙混过关，免于一死。

孔子说"不得其酱，不食"。脍，是鲜吃的第一口，为了压住腥，为了提升口味，吃脍自然要有相应的酱。

古时，各类肉食都配有规定的酱汁调味。王子今的《秦汉 名物丛考》一书中，提及秦汉时的各种酱：肉酱、鱼酱、蟹酱、鱼子酱、芥酱、芍药酱、枸酱、榆荚酱、豆酱，特别是豆酱，在马王堆一号汉墓出土的帛书《五十二病方》中可见"菽酱之宰"，整理者以为这就是"豆酱的渣滓"，多个证据表明，当时的豆酱消费十分普遍。当时的富足阶层，多用肉酱、鱼酱，民间普通民众多用豆麦、蔬果等发酵制成的酱。

食鱼脍一般要用芥酱，汉代的马融肯定地说"鱼脍非芥酱不食"，鱼脍端出来之前，先要把芥酱准备好。根据苏辙在《龙

---

① 李开周：《食在宋朝：舌尖上的大宋风华》，花城出版社，2009，第108~109页。

川略志》中的记录可以得知，当时他们家共种了四畦菜：一畦是韭，一畦是芥，一畦是葱，再一畦是葵。夹一块鱼生蘸一下芥，芥菜是调味的好东西，当然要种。韭菜和大葱，味道也不错。葵，就是"青青园中葵，朝露待日晞"里面的葵，是葵菜，李开周在《食在宋朝：舌尖上的大宋风华》中认为葵菜就是冬苋菜，不是向日葵，向日葵约在明末的时候才引进中国，除了果实葵花籽能吃，叶子和茎都不是食材。

在两宋三百多年内，以鱼为脍的饮食习惯应该是普及大江南北的。多数宋朝人都食脍，而且喜食脍。吃货不可怕，就怕吃货有文化。自封"饕餮"的苏东坡，也是一位鱼脍爱好者。苏东坡刚到东京汴梁参加工作时，就喜欢去汴河钓鱼做脍，后来到杭州做官，以及下放黄州、琼州的时候，都没舍得跟鱼脍断绝关系。在《东坡志林》里，写了一段小故事，很是有趣：

余患赤目，或言不可食脍。余欲听之，而口不可，曰："我与子为口，彼与子为眼，彼何厚，我何薄？以彼患而废我食，不可。"子瞻不能决。口谓眼曰："他日我养痣，汝视物吾不禁也。"[1]

---

[1] 〔宋〕苏轼：《东坡志林（精装典藏版）》，博文译注，万卷出版公司，2016，第39页。

有一段时间，苏东坡得了红眼病，有人告诫他不能再吃脍了（中医认为"鱼生火，肉生痰"，食生鱼尤其不利于眼疾），老苏难过道："我想要听从，可是我的嘴巴不肯。嘴巴和眼睛就打起来了。受委屈的嘴巴一直在喋喋不休，说我是你的嘴，它是你的眼睛，你为什么要重视它而轻慢我？因为眼睛得了病就不许我吃东西，这样可不行。"老苏也真是犯难："如果继续吃脍，就对不起我的眼；如果不再吃脍，又对不起我的嘴。眼和嘴都是我身上长的，怎么好意思厚此薄彼呢？真不知道该怎么办才好啊！"嘴巴也有道理："将来我若得了病不能吃东西的时候，你想看啥我也不管。"哈哈，如果让我们帮着拿主意，就劝东坡先生先忌口一阵子，待眼病好了再做脍吃，不过东坡先生嘴太馋，未必能忍得住啊。

宋朝人不仅会吃脍，还会保存鱼。在《食在宋朝：舌尖上的大宋风华》一书里，我们看到"脍"因为与盐和风的相遇，而变成另两种水产。宋朝人加工水产，主要是制脍、制鲞和制鲊。不严格地讲，只要把水产薄切成片，就是"脍"；如果给脍抹上盐，再挂起来风干，就是"鲞"；同样是给脍抹上盐，不拿去风干而是封进容器中腌起来，就又成了"鲊"。也就是说，脍是薄切的水产，鲞是风干的水产，鲊是腌制的水产。这些做法，在我的老家辽南，都用过。这是没有冰箱时人们保存食物的生

107

活经验，现在仍延用这样的储存方式。渔民们把一时吃不了的鲜鱼，剖开内脏拿净，抹上薄盐，挂在高处风干，或者放在坛子里，一层鱼一层盐，鱼便可以存放很久，并成为有地方特色的风味了。

鱼脍

脍是在唐代就传入日本的。日本有俗语："山之幸""海之幸"，意思就是我们常挂在嘴边的"靠山吃山，靠海吃海"。日本生食鱼肉的最早记载，出现在公元七世纪，正是中国文化对日本影响最多的唐代。

脍，在中国却迷了路。明代切脍，也还是有的，但《金瓶梅》中未提及，很奇怪。《红楼梦》也没有提到。到了近代，很多人对切脍是怎么回事，都茫然了。[1] 我在中国陕菜官府菜里，看过一道水晶鱼脍的做法，将富含胶原蛋白的动物性原料做成水晶冻，切丝，铺在盘底，再放上青笋丝，顶端放上生鱼切成的丝，连同兑好的调味汁上桌，拌食。这大概是最接近中国古代的"切脍"的菜了。在"脍炙人口"的孔府菜里，现在有炙，再也没有了脍。

---

① 汪曾祺：《吃食和文学》，文化发展出版社，2021，第113页。

有人分析说，寄生虫，也许是我国明清时期肉生、鱼生淡出人们生活的一个重要原因。而日本所食用的鱼大多是海水鱼，携带的寄生虫大多不能寄生在人类体内，后来随着冷冻技术和食品加工技术的进步，这种寄生虫隐患风险又进一步降低，因此，日本人吃生鱼片顾忌不多，传统得以保留。

鲙，和脍的语义一样，在日语里，现在还有这个字，日料店里，制作刺身的厨台，大多会挂一面小旗，上写一个"鲙"字，这就是鱼生，刺身。根据资料显示，这个词的来源有许多种说法：一种解释是"刺身"，是 tachimi 的转音，而 tachi 是对日本刀的称呼。刀工一直是制作刺身最关键的一部分，只有好的刀工才能完成一道精美的刺身。爱吃日料的人，这是一道必点的菜。刺身是将鱼（多数是海鱼）、乌贼、虾、章鱼、海胆、蟹、贝类等，利用特殊刀工切成片、条、块等形状，蘸着山葵泥、酱油等佐料，直接生食。

日料店里，刺身是极尽仪式感的。几片切得薄厚匀净、花纹清晰的生鱼片，秩序井然地摆放在冰沙山上，寒气缭绕间，冰沙之上，有几枝深粉至浅粉的石竹花，刺身里种类颇多，三文鱼、金枪鱼、北极贝、章鱼、甜虾，冰山角下，有一小堆青绿色的芥辣。

吃日料很是讲究的朋友教我如何品尝鱼生：芥辣不要和酱油混合，而应该把芥辣放在鱼生上，再把鱼生向着有芥辣的一面对折，再用没有芥辣的一面蘸酱油食用。我却更喜欢先挑一小块芥辣，放进小碟里，倒进一点专配鱼生的酱油，把芥辣化开冲淡，再放进刺身，小心翼翼地放进嘴里，让舌尖一点点接受芥辣的猛。新鲜的脍，随后而至，软糯的鲜，带着大自然的恩情而来，不同的滋味在舌尖上碰撞，只需静心去听，每一个环节的怠慢，都是对生命的不敬。

遗憾的是，汪曾祺先生没有吃过日本的鱼生，但他吃过极鲜美的杭州楼外楼的醋鱼带靶。所谓"带靶"，即将活草鱼脊背上的肉剔下，切成极薄的片，浇好酱油，生吃。汪先生以为这很近乎切脍。《食尚五千年：中国传统美食笔记》的作者虫离先生一定是吃过"脍"的，而且还要一定配着《礼记》里说的"芥酱"吃。他在美食笔记里写：古人十分欣赏满嘴咸腥配上鼻孔里引爆炸药般的清爽，眼泪鼻涕长流有如失禁，不妨碍高喊一声"快哉！再来一盘！"这种欲罢不能的感觉，大约跟今人嗜食辣椒异曲同工，旁观者以为这人自虐，食者却自得其乐。[①]

曾夸下海口"什么都吃"的汪曾祺先生认为，与切脍有关联的是"生吃螃蟹活吃虾"。为什么"切脍"与生蟹活虾受追捧？曰：存其本味。但汪先生的生吃，是酒呛或者盐渍。我知道的最

---

① 虫离先生：《食尚五千年：中国传统美食笔记》，江苏凤凰科学技术出版社，2022，第195页。

"存其本味"的，是直接生吃。

看了莫泊桑的《我的叔叔于勒》，我一直记得女士们生吃牡蛎的优雅的动作描绘：她们先用一块精致的手帕托着牡蛎壳，把嘴稍稍向前伸，以免弄脏裙子，然后轻快地一吮，一下子就把肉和汁水吸进嘴里，再把空壳抛向大海。

我小时候生活在黄海边，小镇的名字叫南尖，长大了看地图，果然有一个极细的尖尖，如一只改锥插在海边。我姥姥家门前就是海，我母亲年轻的时候喜欢赶海，潮一落，她拎着筐，裤腿掖在胶皮靴里，腰间挂个布口袋，里面装两个黄灿灿的玉米饼子，就去了。海看着近，走起来远，海泥还抓脚，费劲，走着走着，就饿了。在海边就着玉米饼生吃蛤，生吃海蛎子，是件充饥又解馋的事。比起《我的叔叔于勒》里的法国女士，母亲在海里生吃海蛎子可就粗放得多了。饿了，把两个蛤或海蛎子对敲，哪个被敲碎就挖出哪个壳里的肉，再掰块饼子就着，母亲说那才是溜鲜溜鲜的海鲜。这一吃就成了渔家的一道美味，家里会生吃卤虾爬子、卤螃蟹。卤螃蟹，不舍得用"赤脚红"，这是一种体型偏大的螃蟹，一般用的都是招潮蟹。招潮蟹体型小，爱吐一串串的白沫儿，在海滩上快速地侧身行进着。夜里顶着月光，母亲拿着手电，到海滩上去捡。招潮蟹见到强光，就再也快不起来了，两只绿豆一样悬在外面的眼睛也不转了，连白沫儿也忘了吐，任由人们往小桶里快意地捡。水烧开晾凉，里面放盐、酒、花椒、大料、姜片，把螃蟹或虾爬子浸入调好的料汁里，放在通风阴凉处，一天两日的就腌透了。壳软了，里面的肉就很容易脱出来，鲜而软，吸溜一口进肚，最对口味，最慰人心。

二月二，二月兰，一道时令小菜

春天的十分美好里，有一分就在于大地生发的野菜野花十有七八可以吃。荠菜、苜蓿、马齿苋、车前草、二月兰、蒲公英、苦苣菜、白蒿、灰灰菜、榆钱、香椿……地上的、树上的，它们带着大地母亲苦涩、粗砺又香甜的味道，任由人类采撷、烹饪、食用。

二月二，是春天里第一个可以实现野菜自由的日子，它也是中国这样的农业社会里一个非常重要的节日。此时，温度、阳光、雨水条件都已适合农事活动了。

"二月二"又叫龙头节、春耕节、农事节。在这个节日，历代君王都要在这一天亲自下田耕作，为天下百姓做表率，"三推犁下土"，耕种自己的一亩三分地，皇后送饭，普天下的农事活动便正式开始了。天子耕田，古时称"亲耕"，明清两代五百多年，皇帝亲临先农坛耕祭先农就有108次。在孔府，"二月二"也是一个特别重要的节日。这天，要炒料豆，名为炒"蝎子爪"。

水夫领一封香、一表纸，到南门拉甜水的水井旁焚纸烧香。管粮仓的仓夫领香烛供品在西仓，"仓神"庙内供摆燃烛焚香，并在各仓屋院内用青灰围仓，在三个圆圈的中间，挖一个小坑窝，放一把五谷杂粮，再用一块砖压住，在一边还开有梯形的仓门，这样就能围住丰盛的粮食。①

　　判断一个节日的隆重程度，除了仪式的繁复，还有一个最直接的方法，就是看这个节日吃啥。按彭文瑜老师的说法，孔府里，"二月二"的菜单和春节、元宵节的差不多，除了山珍海味，青菜一般是：

　　生菜（生财有道）、白菜（醋溜白菜、拌西洋白）、黄鹂迎春、煎春卷、炒二月兰、锅煼菠菜、珊瑚菠菜、烧荠菜、蒜苗溜肝尖、爆红果（山楂）、糖饯苹果、蜜汁梨球等。

　　和春节、元宵节不同的菜，就是炒二月兰、烧荠菜，这是典型的时令菜。荠菜说得多了，咱们说说二月兰。不到农历二月，二月兰是不生发的。唐朝的白居易在吟诵"二月二"的诗中写道："二月二日新雨晴，草芽菜甲一时生。"每年的这一天，总有

---

① 孔繁银：《衍圣公府见闻》，齐鲁书社，1992，第330页。

春雨悄然而至，"草芽菜甲"也长了出来。这是生命的轮回，也是季节慷慨的馈赠。

彭文瑜先生介绍说，"农历二月初，二月兰刚露出地面一寸时，上席最佳。二月兰的上尖，在不开花前，是口感最好的，开花后也可以吃，但仍然要取用它的嫩尖。先是用清水洗干净，用毛汤焯一下，再炒。"农历二月二，吃二月兰，应该是一件应时应景，也饶有趣味的事儿。

二月兰，在植物志里的名字是诸葛菜，据说是因为诸葛丞相在行军过程中把它当菜吃，从此便被人叫作诸葛菜。二月兰，十字花科，虽有一个兰字，但是与兰花完全没有关系，跟紫罗兰、油菜倒是亲戚。花有长梗，花朵因此低垂。二月兰有粉色的、紫色的，还有白色的。它是一年或二年生草本植物，是春天最早生发的小花之一。

农历二月的孔林，也许是土质肥沃、人迹稀少的关系，从来都是二月兰的天下。到处是一大片一大片深紫浅紫的颜色，让肃穆的孔林充满了水彩画般的梦幻色彩。

不知是从什么时候开始，沈阳的春天也随处可见二月兰了，我发现，在随意随地生发的野花中，最势不可挡的就属二月兰了。沈阳的二月兰比曲阜的要晚发一个月左右。质朴而柔弱的草本小花，从农历三月才开始绽放，四瓣黄蕊，或淡紫或深紫或蓝紫。几年前，它只是零星地出现在浑河沿岸的林子里，现在，却一年比一年多了起来，让原本生机勃勃的春天的树林，又多了许多浪漫的紫色。二月兰是一种富有侵略性的植物，浩浩荡荡，急速奔跑，阵势远超其他植物。季羡林笔下的二月兰更是声势浩大，连宇宙都要染成紫色：

转眼，不知怎样一来，整个燕园成了二月兰的天下。

二月兰是一种常见的野花。花朵不大，紫白相间。花形和颜色都没有什么特异之处。如果只有一两棵，在百花丛中，决不会引起任何人的注意。但是它却以多制胜，每到春天，和风一吹拂，便绽开了小花；最初只有一朵，两朵，几朵。但是一转眼，在一夜间，就能变成百朵，千朵，万朵。大有凌驾百花之上的势头了。

我在燕园里已经住了四十多年。最初我并没有特别注意到这种小花。直到前年，也许正是二月兰开花的大年，我蓦地发现，从我住的楼旁小土山开始，走遍了全园，眼光所到之处，无不有二月兰在。宅旁，篱下，林中，山头，土坡，湖边，只要有空隙的地方，都是一团紫气，间以白雾，小花开得淋漓尽致，气势非凡，紫气直冲云霄，连宇宙都仿佛变成紫色的了。①

① 季羡林：《有憾无悔：季羡林回忆录》，中国工人出版社，2010，第267页。

人生有悲欢，二月兰却总是没心没肺地开着。女作家宗璞也用充满深情的笔触记录燕园风物："说起燕园的野花，声势最为浩大的，要属二月兰了。"在她眼中二月兰正宜用水彩作画，施以印象派手法：

二月兰是一大片一大片的，千军万马。身躯瘦弱地位卑下，却高扬着活力，看了让人透不过气来。而且它们不只开得隆重茂盛，尽情尽性，还有持久的精神，这是今春才悟到的。[1]

在东北，二月兰似乎从没有进入过食谱。人们大多认为二月兰颜值虽高但口感不佳。京城老饕王敦煌先生，竟将这种非主流的野菜吃得令人惊艳。在《吃主儿》一书中，他对二月兰的风味赞赏有加，认为它是唯一可以与枸杞头媲美的野菜。在采摘二月兰时，要选择带着"淡绿色花蕾"的芽尖，尚未呈现出一点紫色。它的吃法也类似炒枸杞头，"宽宽的水透洗几和，控干了水，切点姜末儿，加绍酒、盐、糖，急火快炒，噼里啪啦，出锅盛盘。"[2]

至于二月兰味道如何，据王敦煌先生的描述，"这玩意儿也有点苦，但这苦味比枸杞头就小多了"。清炒二月兰，"所具有的

---

① 宗璞：《宗璞散文》，人民文学出版社，2022，第151页。
② 王敦煌：《吃主儿》，生活·读书·新知三联书店，2015，第205～206页。

浓郁香味，有其他任何青菜所不具备的，和任何菜肴相比，它也绝对是佼佼者"。①

如此看来，二月兰作为一种非主流野菜，只要处理得当，还是挺有风味的，不仅孔府把它当成一道时令菜，老百姓吃起二月兰，花样也是挺多的。

二月兰的嫩尖尖可以凉拌、可以做馅、可以清炒，它的花还可煲汤。

凉拌：凉拌二月兰营养损耗最低，吃法和一般的拌凉菜没啥太大的区别。凉拌时需要把采集的野菜二月兰清洗干净，放入开水焯烫一下，捞出过冷水，再切成段，撒上食用盐、醋、酱油和香油等调味料调匀就可以，也可以加入适量的蒜泥，喜欢吃麻油的可以加一点儿麻油，喜欢老干妈的拌进去就是了，喜欢现成凉拌汁的，一瓶解决。

做馅：把二月兰包进饺子，也是春天里的一件美事儿。也许这个时候，北方园子里的菜长得还不成气候，人们便要把二月兰也包进饺子里了。据"吃主儿"王敦煌先生的意见，二月兰时令性强，一旦开花后就老苦不堪，"这东西就不怎么能吃了"。若非要在此时食用，唯有用开水焯烫做馅儿尚可，清炒就不宜了。二

① 王敦煌：《吃主儿》，生活·读书·新知三联书店，2015，第208页。

月兰含有大量的亚油酸，在高温的作用下容易被人体消化吸收，所以可以将二月兰清洗干净，焯烫之后再将其和肉一起剁碎，加入适量的盐、油、生抽、五香粉等调味料搅拌均匀，做成馅料，做包子、馄饨、饺子，都是不错的选择。

清炒：孔府的做法，是事先把二月兰在毛汤里涮一下，二月兰去了初生的涩味，多了汤的鲜味。把二月兰洗净浸焯后切成段，加入一些肉类作为辅料；也可以作为主料直接清炒，加一些盐、生抽、油等调味料，还可根据个人的口味加一些食醋。在春天，醋，最好是加的。彭文瑜先生说，调味，要对应人体所需，讲究与季节相合。四季调味各不相同，"春喜酸醋提精神"。

以上三种做法，吃的都是二月兰的嫩尖尖。煲汤，吃的则是二月兰的花朵。

煲汤：二月兰的花朵里面含有丰富的纤维素、维生素等一些对人体有益的微量营养物质，可将其和鸡、鸭等禽类放在砂罐里一起炖煮，加一些生姜、大蒜、盐、红枣等，是滋补佳品。

民间有句谚语：春吃芽、夏吃瓜、秋吃果、冬吃根。春天的野菜野花，对现在的人来讲，吃的是一种新鲜，吃的是一种回忆，但在粮食供应不足的年代，春天则是青黄不接的季节，野菜代表着果腹的希望，是渡过难关的抓手。

一道与女儿有关的菜，或已失传

　　根据赵荣光先生的《〈衍圣公府档案〉食事研究》，公府肴馔品类有头菜、大菜、行菜、饭菜、面点、果品等。头菜，是指一桌筵席全部菜肴中最重要的一道菜，在一桌筵席上具有首要意义，是大菜中的大菜；大菜，是一桌筵席的主体菜，堂皇厚重，长久稳定；行菜，是大菜的组配菜，与大菜主、副配伍，也是席面上不可低估的一部分。

　　充作公府筵席中行菜的肴品有许多，初步统计即有以下诸品：

　　熘（档文作"溜"）鱼片、烩鸭腰、烩虾仁、熏鱼、盐卤鸭、海蜇、炒王瓜酱、烙虾、虾子龙爪笋、虾子龙须菜、炒鱼、汤泡肚、炒软鸡、炸胗（档文作"针"）干、炒玉兰片、鸡塔、烩（档文作"会"）口蘑、山药、清鸡丝（去骨）、红肉、烧肉饼、海米白菜、炝鸡丝、鱼脯、烧虾、黄花川、松花、鱼肚、五香肠子、瓦块鱼、肉饼（肉饼）……①

　　① 赵荣光：《〈衍圣公府档案〉食事研究》，山东画报出版社，2007，第171页。

行菜里的一道凉菜，名字很是有些特别——黄花川。

黄花川是一道什么菜呢？王维的诗《青溪》里有"黄花川"：

言入黄花川，每逐青溪水。

随山将万转，趣途无百里。

声喧乱石中，色静深松里。

漾漾泛菱荇，澄澄映葭苇。

我心素已闲，清川澹如此。

请留磐石上，垂钓将已矣。

黄花川，岸边开着黄花的小河，与青溪水相互映照。显然，王维笔下的黄花川，是大自然中的河川，和菜没有啥关系。请教孔府菜传承人彭文瑜先生才知道，孔府菜里的黄花川是一道已在饭店失传二十多年，或与女儿有关的拌菜。黄花川又名拌花川，是正月十六日，父母为出嫁的闺女特别准备的一道时令性菜品。

在孔子的故乡曲阜，有正月十六接（叫）闺女的习俗。彭文瑜先生说："这一天，有出嫁姑娘的家庭，只要老母亲在世，特别是年前刚出嫁的姑娘，必须让娘家哥或弟去接姑娘回娘家休息，过上两三天，娘家的娘必须准备一道黄花川，黄花川的'川'是海纳百川的'川'。这是一道必上的菜。黄花川或拌花川，社会上，老百姓叫拌黄花川，加了个黄字，是指韭黄的颜色和出嫁的姑娘是黄花大姑娘的意思。1949年前，大饭馆（饭庄）里，这道菜会从正月初一卖到正月十五。"

席间，父母会把事先准备好的黄花川端上桌，一边让女儿吃，一边嘱咐女儿："你由一个黄花姑娘变成了别人的媳妇，在婆家要听说听道，要遵守人家的家规，要孝敬公婆，尊老爱幼，对他人的对错要学会包容；要善待家人，勤俭持家，做人做事，要胸怀宽阔，海纳百川，不能给娘家人丢脸面，不允许给父母惹是生非。"

苏州有一道历史名菜"凤还巢"，和曲阜黄花川的寓意正好相反，它是用来教育女婿的。这是苏州大户人家女儿三天回门时一定要吃的菜，这菜名透着对女儿的珍爱。宴席之上，趁着把酒言欢，岳丈必定要嘱托女婿好好照顾自己的女儿，"我们家的女儿是手心里捧大的"凤"，你小子只有疼爱的份"，算是当时的一种礼俗。"凤还巢"，是用鸽子连汤带肉焖炖烹制，吃的是原料的鲜美和它的原汁原味。袁枚的《随园食单》里，也提过这道菜。原料是鸽子，喝的是汤。

既然和女儿有关，在孔府的喜宴上，黄花川这道菜是不可少的。孔子第七十四代衍圣公孔繁灏继娶毕氏夫人时，喜宴的菜目类别里，两个规格的喜宴里都出现过"黄花川"：

三大件：

红烧海参、清蒸鸭子、红烧大鱼。

八大凉盘：熏鱼、盐卤鸡、松花、燻虾、瓜子、海蜇、（黄）花川、长生仁。

八热盘：炒鱼、炒软鸡、炒玉兰片、烩口毛、汤泡肚、炸脺干、鸡塔、山药。

四饭菜：青鸡丝、红肉、烧肉饼、海米白菜。

点心：甜咸各一道。

大米干饭每桌全，言定每桌合钱八千五百文。

两大件：

烧海参、鱼鸭亦可。

两干果：瓜子、长生仁。

六凉盘：炝鸡丝、鱼脯、烧虾、（鸡酱亦可）、黄花川、松花、海蜇。

六行件：炒软鸡、炸脺干、炒鱼、炒玉兰片，烩口毛、山药。

六押桌：

红肉，鱼肚、鸡丝（去骨）、肉饼、白肉、海米白菜。

四凉盘：鸡丝、五香肠子、鱼脯、拌莴苣。

四小碗：炒鸡丁，炒鱼，炒脺干，山药。

言定每桌合钱六千五百文。①

毕氏出生于官宦之家，她的婆婆也是她的姑母，是亲上加亲。毕氏名景桓，通读经书，才华出众。在婚礼前的两个月，毕家就从湖南来到曲阜，在南门里大街西首设公馆府第，筹办结婚事宜，可见，方方面面都是精心准备的。

彭文瑜先生有些遗憾地说："黄花川这道菜，近二十年，饭店里已没有人做了。老师傅都退了，新厨师大多是年青的或技校出来的，不太懂得这些，早已断承。"我询问了在曲阜生、在曲阜长、在孔子博物馆工作的王女士，她也不知道这道菜，可见，在民间，这道菜也几近失传。

听彭先生讲述这菜的做法，似乎并不难，是一道很平常、很容易掌握的菜。主料是韭黄头两刀（不用叶，叶另作他用），鸡蛋摊成薄皮、熟鸡脯、水发青耳（就是青木耳，青色、薄、大片，现在的黑木耳，片小、厚，不行）。水烧至80℃时，放入韭黄头一烫，待受热均匀、断生，捞出晾凉，水发青耳要用毛汤汆过。木耳、鸡蛋皮、鸡脯肉切成均匀的丝，放入韭黄碗内拌匀，装入平盘内，撒上姜末，再将香醋、精盐（化开）、香油兑成汁，

---

① 孔祥龄、孔繁银：《孔府内宅生活》，齐鲁书社，2002，第101～102页。

上桌时要用温汁，浇在花川上即可。菜中的韭黄形似黄花，与鸡蛋丝、鸡肉丝、青耳丝，四丝环绕相扣，丝丝相连，犹如山川河流，延绵不断，寓意黄花纳百川，故名黄花川或拌花川。

菜中的主要原料韭黄是将韭菜经软化栽培变黄的产品。韭菜隔绝光线，完全在黑暗中生长，因没有阳光的照射，不能产生光合作用，不能合成叶绿素，就会变成黄色，因不见阳光而呈黄白色，称之为"韭黄"。中医认为，韭菜根味辛，性温；入肝、胃、肾经，能温中开胃。

时至今日，正月十六接闺女回娘家这一风俗仍在曲阜当地有所保留。有人说，这是在孔子"学诗习礼"教育思想影响下，中华民族传统美德的体现。在我看来，孔子对女性、对妻子、对女儿，向来有一些大男子主义。儒家明确规定了约束女人行为的"三从四德"。"三从"出自《仪礼·丧服》："妇人有三从之义，无专用之道，故未嫁从父，既嫁从夫，夫死从子。""四德"出自《周礼·天官冢宰》："九嫔掌妇学之法，以教九御。妇德、妇言、妇容、妇工。"这是四种"妇道"。从品德到行事，从衣着到言语，从妆容到劳作，都有要求。"三从四德"最早是为贵族妇女而设的，后来经过儒家提倡才逐渐成为一种"妇道"。不论时光多么久远，我们仍能从这些对女性专属的道德规范里，感受到男权社会对女性的冷冷的严厉目光。

《论语》约一万两千言，自古以来最受诟病的，就是孔子的大男子主义，"唯女子与小人为难养也"，是中国人非常熟悉的孔子名言，出自《论语·阳货篇》。孔子把女性与小人并论，显然对女性有很深的成见。子曰："唯女子与小人为难养也，近之则不孙（逊），远之则怨。"只有女人和小人最难相处，与他们走得太近，就有点狎而不庄重，疏远他们，就落埋怨。钱穆在《论语新解》里说，女子和小人，指家中的妾侍和仆人。

《论语·泰伯篇》第二十章也清楚地表明了孔子对女性的态度。周武王说自己有十个治世能臣，孔子说其中有个是女人，治世能臣实际上只有九个。孔子说的这个女人是周武王之妻、姜子牙之女，邑姜。朱熹为《论语》此章作注说"九人治外，邑姜治内"。邑姜替周武王治理、稳固了大后方，周武王、姜子牙才能心无旁骛地完成灭商大业。冷晋在名为"论语公会"的微信公众号里写道：

孔子公然抹去女性在本朝开国史上的功绩，清楚地表明他对女性的歧视态度，不认可她们的贡献和价值。

此章坐实了孔子歧视女性的事实，那么孔子因何歧视女性呢？……孔子对女性的这种感受从何而来？①

---

① 冷晋：《〈论语〉故事之歧视女性的孔子》，微信公众号：论语公会，2022年4月10日，网址：https://mp.weixin.qq.com/s/hsD4MPEOve1lDNhLc7RjTw，访问日期：2023年6月30日。

分析孔子的生活经历后，冷晋认为来源有几个：一个是孔子的妻子，因为年岁小，经常在孔家上演一场场春秋版的野蛮女友的大戏；一个是孔子漂亮的六世祖奶奶，孔家因她家破人亡，家族从宋国执政大贵族沦落为鲁国不入流的小贵族；还有，春秋时期美女是红颜祸水的观念已经深入人心。史书有载"夏亡以妹喜，殷亡以妲己，周亡以褒姒"，都把亡国的原因归咎为女性，这对女性很不公平。男权社会里，男人掌握着话语权，他们惯于把自己的问题甩锅给女人。精通《尚书》《诗经》等各类古代典籍的孔子，在这样的文化氛围中自然未能免俗。

孔子本人也亲身经历了两次美女带来的切肤之痛。孔子56岁，在鲁国担任大司寇。按《史记·孔子世家》记载，齐国担心孔子执政鲁国，会使鲁国很快强盛起来，于是，齐国在全国挑选了80名美女，穿上华服，学了舞蹈，又挑选了长有漂亮花纹的30匹马，一并送给鲁国国君。鲁定公因此怠政。孔子的弟子们就劝孔子说："老师您可以离开了。"孔子说："鲁国就要举行郊祭大典了，如果祭祀后还是按照礼制将祭祀用的肉分送给大夫们，那我还可以留下来。"孔子等的那条"赐胙"，是尊重，是认可，也是孔子最后的希望。祭祀后，孔子没有等来"赐胙"，他彻底失望，于是辞官离开鲁国，开始了周游列国、上下求索的旅程。在惜墨如金的《论语》中，子曰："吾未见好德如好色者也。"此话居然被收录了两回，这是孔子多么痛的领悟呀！

离开鲁国后，孔子周游列国寻找新的"就业"机会，谁知又一次遭遇美女劫。《论语·雍也篇》记载：子见南子，子路不悦。夫子矢之曰："予所否者，天厌之！天厌之！"见子路不开心，孔子诅咒发誓说："我要是做了什么不该做的，上天惩罚我！上天惩罚我！"见南子后，孔子并没有得到任用，除了闹出绯闻，一无所获。大概是这些原因叠加在一起，孔子才最终形成对女性的歧视态度。

有人认为，孔子把自己的女儿嫁给了籍籍无名的公冶长，也是歧视女性最直接的证据。我看，这倒未必公允。公冶长懂鸟语，能用平等之心，听懂来自另一个世界的表达，这至少是一个奇人。公冶长虽无才名，但至少是一个有趣且温暖的人。虽然被抓进监狱，有了"人生污点"，但孔子很明确地说，这并不怨他。

总之，黄花川，是海纳百川的川，是娘家给予女儿的教诲，也是一个社会对女性个人修为的期许。我在曲阜街头随机问了几个当地人，除了一个老人家还知道黄花川，多数受访者已不知、也不会做这道菜了。

从古至今，女性，特别是中国女性，这一路走来，都笼罩在有形的、无形的性别压迫之下。正如日本女性问题学者上野千鹤子所说，"女性从来不是问题，社会才是"。不论这道海纳百川的菜是否还有传承，是否还对年轻女性起着教化的作用，只希望世间女儿，有娘家的温暖，有内心的独立，不依恋，不恐惧，不贪心，做那些能做到的事，把能做到的一件件做好，并一直拥有坚持梦想、行走世界的勇气。

寻常巷陌的黄焖鸡米饭
或出身孔府

在寻常巷陌，在有沙县小吃、兰州拉面、杭州小笼包、武汉热干面招牌的地方，或许也会有黄焖鸡米饭。和它并肩的这些小吃，已把出处明晃晃地镶在了店铺的招牌里，黄焖鸡米饭反倒显得有些神秘，不知从哪里来，不知它的故乡在何方。它只实实诚诚地把烹饪方法和食材写在了招牌里。

随便走进一家黄焖鸡米饭的小店，略有踌躇，性急的老板娘便说："来一份鸡米饭？""是。"鸡米饭，黄焖的，黄焖鸡米饭，怎么听起来，这都是一个偏正词组。十几分钟过后，当黄焖鸡米饭上桌，你就会知道，哪有什么"鸡米饭"，是再清楚不过的黄焖鸡＋米饭啊！妥妥的联合词组。米饭，就是大米饭，没有什么好多说的。主角是黄焖鸡，黄焖鸡的身世，到底是怎样的呢？

黄焖鸡来源于哪里？它是川菜？湘菜？粤菜？淮扬菜？有人说，黄焖鸡属于南方菜系，实则不然，黄焖鸡的真实身份归属是鲁菜。对于这道菜的起源，有许多种说法：清朝末年，济南府开了家小店，唤作"福泉居"，其主打菜就是黄焖鸡；四十多年后，黄焖鸡被改良，当地顾客吃完，纷纷叫好。又过了二十多年，公私合营，成立了"泰丰园"饭店，由原来"福泉居"的路鹏鹤担任掌案师傅，在此期间，路师傅将黄焖鸡制作手法教给了儿媳孟氏。另一种说法称民国时期，济南有一家叫"吉玲园"的知名饭店，当时生意遇到了困难，已经好几个月没有新菜品了。为了扭转颓势，厨师们苦思冥想，推出主打菜"百草黄焖鸡"。可谁也没有想到，黄焖鸡瞬间火遍全城。相传，山东省政府主席韩复榘极为喜爱黄焖鸡米饭。他曾为此赏银三十块，并称赞说："此鸡匠心独运，是上品之上，当为一绝。"

黄焖鸡起源于山东济南是没有异议的。但具体是怎么来的，莫衷一是。因"黄焖鸡"之名，最早见载于清光绪年间孔府内厨记账簿《省城乔厨子账》，虫离先生在《食尚五千年：中国传统美食笔记》里这样判断：

黄焖鸡可能出自孔府菜。宋代、明代孔府菜已成规模，但现存资料多限于清代，因此不好确定黄焖鸡的具体创制时间。

"黄焖鸡"之名，最早见载于清光绪年间一位姓乔的孔府内厨记账簿《省城乔厨子账》，除黄焖鸡外，这份账簿上还记录了大量肴馔，底蕴深厚的显贵公府饮食之讲究可见一斑：

黄焖鸡、虾、桶子鸡、炒鸡子、炒溜鱼、炒蒲菜、溜海参、烧鲫鱼、软烧鱼、烧葫子、三鲜汤、海参烧占肉、拌鸡丝、烧面鱼、炸肘子、炸胗肝、芥末鸡、茶干炒芹菜、炒鸡片、烹蛋角、炸溜鱼、汆鸭肝、拌黄瓜、炒肉丝、炒双翠、盐水肘子、烧鱼、炒芸豆、蒲菜茶干、汆丸子、红烧肉、醋溜豆芽、烩面泡、炒鸡丝、五香鱼、酱汁豆腐、拌芹菜、拌海蜇、卤鸡子、元宝肉、烩瑶柱羹、红烧肉、盐水鸡、鸡蛋汤、鱼翅、奶汤鱼块、海参、炒豆腐、糟烧鱼、三熏豆腐、烧面筋泡、拌什锦伙菜、芸豆炒肉、芥末豆芽、清蒸丸子、炒鸡丁、鸡肘子、粉蒸鸡、干炸鱼、炒鱿鱼、芥末肘子、烩乌鱼穗、汆鸡丸鸡腰、虾仁汤、醉活虾。[1]

凭孔府内厨记账簿《省城乔厨子账》，姓乔的厨师以一己之力，独占了"黄焖鸡"的出身之先。在孔府菜里，黄焖的做法本就不少，大菜里，就有黄焖鱼骨、黄焖海参、黄焖鸡等。清光绪二十年（1894年），慈禧太后六十寿辰时，孔子第七十六代孙衍圣公孔令贻奉母偕妻进京，为慈禧贺寿，以求慈禧太后的欢心。孔令贻的母亲彭氏和其妻陶氏于十月初四日早分别向慈禧进寿宴

---

[1] 虫离先生：《食尚五千年：中国传统美食笔记》，江苏凤凰科学技术出版社，2022，第236页。

一桌，寿宴实为"早膳"。据《衍圣公府档案》（0005476）记载，第七十五代和第七十六代衍圣公夫人的祝寿席面如下：

老太太所进席面：

海碗菜两品：八仙鸭子、锅烧鲤鱼（"鲤"在曲阜讳称为"红"，此处因上对下不能称讳）；

大碗菜四品：燕窝"万"字金银鸭块、燕窝"寿"字红白鸭丝、燕窝"无"字三鲜鸭丝、燕窝"疆"字口蘑肥鸡；

中踠（碗）菜四品：清蒸白木耳、葫芦大吉翅子、寿字鸭羹、黄焖鱼骨；

怀碗菜四道：溜鱼片、烩鸭腰、烩虾仁、鸡丝翅子：

碗菜六品：桂花翅子、炒蕉（茭）白、芽韭炒肉、烹鲜虾、蜜制金腿、炒王瓜酱；

克食二桌：蒸食四盘、炉食四盘、猪肉四盘、羊肉四盘；

片盘二品：挂炉猪、挂炉鸭；

饽饽四品：寿字油糕、寿字木樨糕、百寿桃、如意卷；

燕窝八仙汤，鸡丝卤面。[①]

---

① 赵荣光：《〈衍圣公府档案〉食事研究》，山东画报出版社，2007，第137~138页。

　　太太所进献的席面和老太太进献的席面几乎一模一样，唯独四道中碗菜的最后一道，由黄焖鱼骨改成了黄焖海参。这也体现了黄焖菜的地位。这里的"鱼骨"有几种可能，或是鳇鱼的鼻骨，或是鳇鱼的喉咙骨，或是鳇鱼的"龙筋"。鳇鱼是黑龙江的特产，时人论"鱼骨"为"脆美逾于犴鼻，晚清京师视为奇珍，几与黄金等值"[①]，"脆美"的口感，说的更接近"龙筋"。

　　黄焖菜的历史由来已久。苏东坡被贬黄州后，还创制了一道竹笋焖猪肉。苏东坡爱竹，"食者竹笋，居者竹瓦，载者竹筏，炊者竹薪，衣者竹皮，书者竹纸，履者竹鞋，不可一日无此君"。他写竹，画竹，还毫不吝啬地赞美竹："宁可食无肉，不可居无竹。无肉令人瘦，无竹令人俗。人瘦尚可肥，士俗不可医。"在黄州，他发现"黄州好猪肉，价贱如泥土。贵者不肯吃，贫者不解煮。"苏东坡经过自主研发，创制了苏氏猪肉烹制秘法："净洗铛，少著水，柴头罨烟焰不起。待他自熟莫催他，火候足时他自美。"这里的关键，是用不冒火苗的虚火来煨炖，火候要足。不想俗，又爱吃肉的苏东坡，继续创新，又写下这首打油诗："无竹令人俗，无肉使人瘦。不俗又不瘦，竹笋焖猪肉。"一道黄焖菜——竹笋焖猪肉从此诞生。

① 　转引自赵荣光：《〈衍圣公府档案〉食事研究》，山东画报出版社，2007，第138页。

爱新觉罗·浩（原名嵯峨浩）是中国末代皇帝溥仪胞弟溥杰的夫人。她在《食在宫廷》一书中，也写过一道黄焖鸡块的做法。她在书中写道："这个菜是山东菜，民间也经常做。宫廷做这个菜时是绝不放蔬菜的，而在民间则往往加一些山药、萝卜或胡萝卜之类的时蔬。"做法如下：

肥鸡 1 只，葱 2 棵，鲜姜 1 块，酱油 35 克，油 35 克。

1. 鸡煺毛掏去内脏，洗净后带骨剁成 3 厘米见方的块。

2. 葱切成 6 毫米长的碎粒。

3. 鲜姜切成 4 片。

锅内倒入油，用大火烧热后投入葱、姜，煸出香味时倒入酱油，烧开后加入适量水，汤开时放入鸡块，用小火焖约 2 小时即成。

江南的黄焖鸡块还放白糖，而宫廷的却从不加糖。此菜越焖味道越好。①

焖，是从烧演变而来，它是把经过初步熟处理的原料放入锅中，加调味料和适量的汤汁，盖紧锅盖后，用小火长时间加热成

---

① ［日］爱新觉罗·浩：《食在宫廷：增补新版》，马迟伯昌校，王仁兴译，生活·读书·新知三联书店，2020，第96页。

熟的烹调方法，也是孔府菜的传统烧制方法之一。焖法可使菜肴形态完整，不碎不烂，汁浓味厚，而原料多用韧性较强、质地细腻的动物性原料，如鸡肉、猪肉、鱼肉等。

黄焖的灵魂，是汁。这里一定要有生抽，有的还要放黄酱、豆豉。上乘的酱油，是黄焖菜的灵魂，以之渲染提鲜，浓墨重彩。上乘的酱油，莫过于秋油。这秋油的好，是"利万物而不争"的好，它有时穿梭在猪牛鸡鸭鱼虾之间，有时与笋芥菌芹韭瓜相逢，可做蘸料，蒸煮也妙。

在《随园食单》里，袁枚家里的秋油特别令人羡慕，多到随时吃随时有。秋油，又叫万金油，也可称为母油。按搜狗百科，传统酱油是大豆、酵母和盐酿制的，大豆煮熟摊凉，拌入酵母菌块，一层盐一层料，逐层入酱缸慢慢成熟发酵。酱缸的中心留出深入缸底的洞，保持酱体的活性呼吸，便于观察。历经一到三年，酱身已熟，渗出原汁酱油，用长柄竹筒舀出，称作"抽"。酱缸的第一抽，称头抽，颜色艳，味最鲜美。立秋之日起，夜露天降，打开新缸，汲取深秋第一抽，即秋油。由此可知，不是所有的酱油都可以叫秋油。

有了秋油，还要有好的鸡。袁枚写过一首名为《鸡》的诗："养鸡纵鸡食，鸡肥乃烹之。主人计固佳，不可使鸡知。"把鸡养肥了，就是为了要杀了它吃肉。主人干出这么奸诈的事，可千万别让鸡知道。不知这鸡是不是和"秋油"一起，被做了黄焖鸡？引用《礼记》上的"相女配夫"，这只肥鸡和"秋油"，却是再好不过的一对，正好做出一盘完美的黄焖鸡。

附：黄焖鱼骨菜谱及制法

"鱼骨"又称明骨，含胶质蛋白，味醇厚，经烹制鱼骨酥烂、鲜香味美，是孔府向慈禧太后进贡的菜品之一。

黄焖鱼骨

原料

水发黄鱼骨 500 克

三套汤 250 克

精盐 1 克

酱油 5 克

糖色 2.5 克

高汤 500 克

湿淀粉 10 克

花椒油 30 克

制法

❶ 将水发鱼骨大的掰开，取一勺置火眼上，加入高汤烧开，把鱼骨下入勺内氽过控水备用。

❷ 炒勺内加入花椒油，烧至七成热，加入鱼骨、料酒、精盐、酱油、糖色、三套汤先用急火烧开，再改用慢火焖20分钟，加湿淀粉勾漫芡，盛入盘内即成。①

---

① 中国孔府菜研究会编《中国孔府菜谱》，中国财政经济出版社，1986，第33～34页。

不撤姜食，
一餐一饭里不退场的暖意

　　《论语·乡党篇》里"不撤姜食，不多食"，成了孔子爱吃姜的证据。孔子偏爱吃姜，似乎胃也不太好，是否还偏爱吃别的，不太好判断。《论语·阳货篇》中记载，阳货想见孔子，孔子避而不见。阳货为迫使孔子回访他，"归孔子豚"，送了个烤乳猪给孔子，孔子就只能回拜了。一方面说明孔子注重"礼"，另一方面也衬托出猪肉的魅力。"子在齐闻《韶》，三月不知肉味"，听《韶》乐，三个月想不起来肉味，拿最爱打比方，才能极言其喜欢，可以反衬出孔子对肉食的偏爱。

　　"不撤姜食"，孔子离不开姜，中国人的日常也离不开姜。自古以来，姜就进得了厨房，上得了病床，可以调味、开胃，也可以解毒、治病。《齐民要术》里，对姜的功能表述就这几个字："姜，御湿之菜"。风寒发热了，先煮一碗烫嗓子的老姜红糖水，管他什么病毒和细菌，鲸吸牛饮，钻进被窝，出一身透汗再说。

在厨房里，人们用姜来压制鱼、肉里的荤腥性，杨步伟在《中国食谱》一书第一部分第三章"作料"里，直接把姜放在了"去腥料"里，但更多的时候，姜是列在香料表里的。中医认为干姜味辛温，能调和阴阳，故也用于药膳。宋代朱熹在《论语集注》中说："生姜能通神明，去秽恶，故不撤。"宋代人实在，根据这个说法，弄出来一种饼，直接就叫"通神饼"："姜薄切，葱细切，各以盐汤焯。和白糖、白面，庶不太辣。入香油少许，炸之，能去寒气。朱晦翁《论语注》云：'姜通神明。'故名之。"这个记载出自宋代林洪撰写的《山家清供》①。姜如何能通神明？

穷人碗里的姜，神明供桌上的姜

"姜通神明"有待探讨，但它廉价易得，确能暖穷人的胃。清代的郑板桥接地气，在他的家书《范县署中寄舍弟墨第四书》中描写了一个农夫的家里来了穷亲戚：

天寒冰冻时，穷亲戚朋友到门，先泡一大碗炒米送手中，佐以酱姜一小碟，最是暖老温贫之具。暇日咽碎米饼，煮糊涂粥，双手

---

① 〔宋〕林洪：《山家清供》，中华书局，2020。

捧碗，缩颈而啜之，霜晨雪早，得此周身俱暖。嗟乎！嗟乎！吾其长为农夫以没世乎！①

一小碟"暖老温贫"的酱姜，成了文中最抢眼的。霜晨雪早，这寒酸的饮食，竟让人"周身俱暖"，这暖，来自药性，也来自人心。姜，是中国人餐桌上不退场的暖意。

因为姜温补的这一特性，就能从孔子《论语·乡党篇》中"不撤姜食"的记述推导出孔子的胃不好？鲁迅在《由中国女人的脚，推定中国人之非中庸，又由此推定孔夫子有胃病——学匪派考古学之一》一文中，从中国女人小脚的起源谈起，推定中国人"走了极端"，又扩而大之，以大量的事实材料说明中国人之"非中庸"而又大呼"中庸"，正因为并不中庸的缘故，并按这样的逻辑继续推导：

以上的推定假使没有错，那么，我们就可以进而推定孔子晚年，是生了胃病的了。"割不正，不食"，这是他老先生的古板规矩，但"食不厌精，脍不厌细"的条令却有些稀奇。他并非百万富翁或能收许多版税的文学家，想不至于这么奢侈的，除了只为卫

① 棕桐、任超奇主编《郑板桥家书》，吉林文史出版社，2007，第68页。

生，意在容易消化之外，别无解法。况且"不撤姜食"，又简直是省不掉暖胃药了。何必如此独厚于胃，念念不忘呢？曰，以其有胃病之故也。

倘说：坐在家里，不大走动的人们很容易生胃病，孔子周游列国，运动王公，该可以不生病证的了。那就是犯了知今而不知古的错误。盖当时花旗白面，尚未输入，土磨麦粉，多含灰沙，所以分量较今面为重；国道尚未修成，泥路甚多凹凸，孔子如果肯走，那是不大要紧的，而不幸他偏有一车两马。胃里袋着沉重的面食，坐在车子里走着七高八低的道路，一颠一顿，一掀一坠，胃就被坠得大起来，消化力随之减少，时时作痛；每餐非吃"生姜"不可了。所以那病的名目，该是"胃扩张"；那时候，则是"晚年"，约在周敬王十年以后。[1]

鲁迅不仅推定出晚年的孔子"是生了胃病的了"，还说应该是"胃扩张"。鲁迅对孔子的胃病当然没有太大的兴趣，他的言外之意，还是对当时社会现象的批判，当一个社会极力倡导啥的时候，正是因为它缺乏啥，如《道德经》第十八章所说："大道废，有仁义；智慧出，有大伪；六亲不和，有孝慈；国家昏乱，

---

[1]　鲁迅著，黄乔生编《鲁迅文集　杂文　上》，河北人民出版社，2019，第149页。

有忠臣。"鲁迅推论，孔子对餐饮提了这么多讲究，就是因为他多年奔波在外，导致胃不好。

孔府食事的研究专家赵荣光先生认为，孔子在《论语》里有关饮食的言论，大多是以祭祀为大背景的。对"不撤姜食，不多食"，他是这样解读的："祭祀的肉食，因不能使用荤薰作料，而只有辛味的姜。祭祀的肉不宜多吃。"①

道家以韭、薤、蒜、芫荽、芸苔为"五荤"，不包括生姜；后世传入我国的佛教讲究不食"五荤"（葱、蒜、韭、茗葱、小蒜），生姜也不在荤列。说明在中国人的生活中，生姜是有资格出现在祭祀的台面上的。

在《大仲马的美食词典》里，大仲马提到罗马人会做一种姜饼，是用来祭神的。看来，在"姜能通神"上，东西方有相似的习俗。

古老又无所不在的"手"

别小看一枚姜，它很可能是"所有香料中最古老的一种"。原因是姜不能用种子繁殖，而必须把它的根状茎分开，"显示它已经在人类的掌控下栽植了很久，因此丧失了野生植物的基本特

① 赵荣光：《〈衍圣公府档案〉食事研究》，山东画报出版社，2007，第57页。

性"。姜长得像粗大变形的手指，便有了和"手"有关的说法和讲究。它的英文名字 ginger 竟然也和此有关。英国作家、美食家约翰·欧康奈在《香料共和国：从洋茴香到郁金，打开 A–Z 的味觉秘语》一书中写道：

它的英文名字 ginger 来自梵文 zingiber，意思是"像角的形状"，其扭曲厚实的块茎伸出许多柄，因为长得像肿胀关节炎的手指，因此在交易时称作"手"。[1]

姜的形状，在中国也引起了关乎"手"的联想。《齐民要术》中的"种姜第二十七"写道："妊娠不可食姜，令子盈指。"[2] 这是贾思勰从一本《博物志》里采集的。说是怀孕的女人不可以吃姜，吃了姜，腹中的胎儿就会多长手指。彭文瑜先生也讲了一个孔府菜里的讲究，这讲究和不让孕妇吃姜有点类似：宴席中有孕妇的时候，不上和鸭子有关的菜，怕胎儿的手指连在一起。这些讲究应该是中国古人的"形而上"的习惯性臆想。

① ［英］约翰·欧康奈：《香料共和国：从洋茴香到郁金，打开 A–Z 的味觉秘语》，庄安祺译，联经出版事业股份有限公司，2017，第 183 页。
② 〔北朝〕贾思勰著，缪启愉、缪桂龙译注《齐民要术译注》，上海古籍出版社，2021，第 221 页。

姜的老家在东南亚。有人说，辛辣界的四大妖姬，东椒西蒜，南姜北葱，都是"外来移民"。姜在印度南部丰茂的热带丛林广泛分布，被认为起源于印度次大陆。生长在印度的姜有着最大的遗传多样性，表明姜在该区域的生长期最长。如今，姜的足迹遍布世界。它喜欢温暖的地方，中国云南的小黄姜温暖了全国人民的胃。《吕氏春秋·孝行览·本味》里记载，伊尹在以煲制美味论天下治理的时候，说调料中的精品，提到"阳朴之姜"，阳朴，传说在四川。姜在中国出现的时间很早，并深度介入中国人的日常生活和经济生活。"起先中国姜只在国内以及和中亚国家交易，但后来随中国在海上势力的增强，贸易范围渐开。尽管马可波罗并没有亲自到过爪哇，但他知道中国南方的商人就是在那里卖出他们的姜，买回胡椒、肉桂、豆蔻等物，他们在这个岛'赚取财富'，这里也是'世界各市场大部份香料的来源地'"。①《香料共和国：从洋茴香到郁金，打开 A–Z 的味觉秘语》里，记述了在元朝的时候，中国南方商人靠姜赚钱赚物的情形。

姜有广泛的适应性，这让它的足迹遍布全世界，但让人难以置信的是，姜，还能种在船上，种在"可携带的菜园"里，而且这种方法对在船上生活的人起了非常好的作用。

---

① ［英］约翰·欧康奈：《香料共和国：从洋茴香到郁金，打开A–Z的味觉秘语》，庄安祺译，联经出版事业股份有限公司，2017，第183页。

他来回踱步，把地上一条珍贵的地毯烧出了四个洞。

"姜！"他在阿拉丁面前停步，庄严地说："这有没有让你想到什么？"

"这是一种调味料？"阿拉丁大帝满怀希望地问。

"有了！"精灵边说边用力拍额头，力道大得发出绿色的火花。绿姜大地！现在我全都想起来了。"绿姜大地，"精灵继续说："这是由一位非常喜欢新鲜蔬菜的魔术师所建，用意是他可以带着绿姜大地到处走动，就像带着可携菜园一样；只是更时髦，你懂我的意思吗？"

——诺尔·兰利[1]

这是 1937 年出版的《绿姜大地》（ *The Land of Green Ginger* ）里描绘的一个情景。《香料共和国：从洋茴香到郁金，打开 A-Z 的味觉秘语》里说，诺尔·兰利"随身可携带菜园"的灵感，来自和马可波罗同时代、摩洛哥的探险家巴图塔的记载，而记载的正是元朝的中国"帆船"，巨大的木桶里栽种了巴图塔所谓的绿色的东西，这就是姜。发豆芽，种生姜，让中国远航的船员远离坏血病。当然，对付"海上瘟疫"坏血病，豆芽的功劳比姜大一

---

[1] ［英］约翰·欧康奈：《香料共和国：从洋茴香到郁金，打开A-Z的味觉秘语》，庄安祺译，联经出版事业股份有限公司，2017，第183页。

些，姜只含有少量的维生素C。在郑和下西洋的大船上，也是在船上种姜的。

姜，中国人厨房里的"大将（姜）军"

《齐民要术》里"种姜第二十七"一节，介绍了姜在我国的种植和存放。"姜宜白沙地，少与粪和。熟耕如麻地；不厌熟，纵横七遍尤善。"也就是说，姜宜于种在沙地里，稍微和上一些粪。要耕得很熟，和种麻的地一样；总不嫌太熟，纵横合计耕到七遍更好。"九月掘出，置屋中，中国多寒，宜作窖，以谷稈（nè）合埋之。"当时的"中国"，只指黄河流域，长江流域称为"江南""南方"。谷稈（nè）：谷物脱粒后所剩的茎秆秕壳。九月挖出来之后，在屋里存放。黄河流域太冷，应当挖成土窖，把姜埋在谷物的茎秆秕壳里。①

中国人种姜、吃姜，是有讲究的，留下了诸多的民间俗语：

冬吃萝卜夏吃姜，不用医生开药方；

早上三片姜，赛过喝参汤，晚上吃姜，等于吃砒霜；

晚吃萝卜早吃姜，郎中先生急得慌；

三片生姜一根葱，不怕感冒和伤风；

---

① 〔北魏〕贾思勰撰，石声汉校释《齐民要术》，中华书局，2022，第345~346页。

女子三日不断藕，男子三日不断姜；

家里备姜，小病不慌；

夏季常吃姜，益寿保健康；

男子不可百日无姜；

上床萝卜下床姜。

吃姜，有许多种方式，有爱吃嫩姜的，皮薄，没有纤维。干燥的老姜就不一样了，有一句话形容两个人关系好，就说"你看她俩好的，像一块烂姜"，长纤维从头到脚搅在一起，分都分不开。烂成这个样子，千万不能再吃了。老姜的味道是强的，俗语说，姜还是老的辣。彭文瑜先生说，大姜切片、切丝，不能成片成丝的，就切丁，总之，物尽其用，是对所有原料的尊重。姜还可以磨粉，压泥榨汁，出现在"炒、炖、烹、拌"里，姜是厨房里名副其实的"大将（姜）军"。

姜，是配角，也可以独立出场，清朝朱彝尊在《食宪鸿秘》里，写了七八种姜的吃法，听名字，花样就多，伏姜、糖姜、五美姜、糟姜、法制伏姜、法制姜煎、醋姜等等。醋姜的方法和现在的差不离："嫩姜，盐腌一宿。取卤同米醋煮数沸，候冷，入姜，量加沙糖，封贮。"有一种"五美姜"看着不错："嫩姜一斤，切片，白梅半斤，打碎去仁。炒盐二两，拌匀，晒三日。次入甘松一钱、甘草五钱、檀香末二钱拌匀，晒三日，收贮。"①别的方法，各有其烦，各得其妙。

现在的方法和老法子相比，都简便了些，可以蜂蜜泡姜，可以醋泡姜，可以做一杯蜂蜜生姜茶，也可以来一杯生姜红枣茶，怎么用都好。过去的百货店里，总有置放在透明的玻璃箱里散卖的糖姜片，它和散装的糖块并肩放着，姜片上面挂着糖的结晶。不知糖是怎么挂到姜片上的，一回最多买回半斤，没事的时候，嚼上一片，一片总要嚼上好久，那种又辣又甜的感觉，很是特别。

两个姜饼：一饼伤心，一饼养生

我喜欢姜饼。我从来没做过姜饼，只是从《安徒生童话》里的《柳树下的梦》，看到两个相爱的小姜饼人，就喜欢上了。那是一个伤感的故事，爱情终于败给了现实，里面套了一个姜饼人的故事：

柜台上放着两块姜饼。有一块做成男子的形状，戴着一顶礼帽；另一块是一个小姑娘，没有戴帽子，但是戴着一片金叶子。他们的脸都是在饼子朝上的那一面，好使人们一眼就能看清楚，不至于弄错。的确，谁也不会从反面去看他们的。男子的左边有一颗味苦的杏仁——这就是他的心；相反的，姑娘的全身都是姜饼。他们

① 〔清〕朱彝尊著，张可辉编著《食宪鸿秘》，中华书局，2013，第104~106页。

被放在柜台上作为样品。他们在那上面待了很久，最后他们两个人就发生了爱情，但是谁也说不出口来。[1]

女姜饼人觉得男姜饼人先说才对，男姜饼人则认为，女姜饼人一定已经知道自己的心意。最后，女姜饼人变干了，裂成了两半。糕饼店的老板将裂成两半的姜饼分别给了克努特和约翰妮。他们舍不得吃掉，最后姜饼人被别的孩子吃掉了。爱一个人是要说出来的——这是小克努特从姜饼人故事里学到的深刻的真理。这是叶君健翻译的版本，我很喜欢。

从安徒生那里知道的小姜饼人，让我惦记了很久。中国传统的点心里，是很少用姜的，不知道是不是因为姜先傍上了肉和鱼的缘故。在《大仲马的美食词典》里，大仲马极其笃定地说："从古至今，最好的姜饼都产在兰斯。"[2] 法国兰斯姜饼名气之大，以致巴黎姜饼都不得不屈居次席。但我在法国生活多年的同学王虹并不认可这个说法，她对我说，姜饼起源于德国，法国好吃的姜饼在斯特拉斯堡，后在地戎，没有听说在兰斯一说。她告诉我，姜饼里，要加姜粉，要加肉桂、胡椒、八角、蜂蜜，吃的时候，抹上点鹅肝酱，再配点香槟。听起来，味道太丰富了。不知道安

---

① ［丹］安徒生：《安徒生童话》，叶君健译，北京燕山出版社，2005，第140页。

② ［法］大仲马：《大仲马美食词典》，杨荣鑫译，译林出版社，2012，第227页。

徒生吃了哪里的姜饼写了这么动人的故事，只知道大文豪普鲁斯特写作《追忆似水年华》的灵感，是由玛德琳蛋糕触发的："带着点心渣的那一勺茶碰到我的上颚，顿时使我浑身一震，我注意到我身上发生了非同小可的变化，一种舒坦的快感传遍全身，我感到超凡脱俗。"[1]

大文豪苏东坡也记录过一种姜饼，是他在杭州为官时，去净慈寺，从寿高体健的住持——聪药王那里讨来的方子：只一味生姜，把姜捣烂，绞取姜汁，盛入瓷盆中，静置澄清，除去上层黄清液，取下层白而浓者，阴干，刮取其粉，名为"姜乳"。一斤老姜可得一两多姜乳，用此姜乳与三倍面粉拌和，做成饼蒸熟即成。每日空腹吃一二饼。

安徒生的姜饼和苏东坡的姜饼比起来，苏东坡的姜饼养生，安徒生的姜饼伤心。姜的养生作用，是确定的。山东人喜欢生吃大葱大蒜，烙饼卷放大葱，吃饺子啃大蒜，山东人孔子却离不开生姜。孔子活了73岁，在古代算是高寿，大约和喜食生姜有关系。多养生，少伤心，知者乐，仁者寿。

---

[1] [法] 马塞尔·普鲁斯特：《追寻逝去的时光》，周克希译，华东师范大学出版社译，2014，第3页。

点心里，有一颗心

　　周传梅是一个心灵手巧、手脚麻利的山东大姐。六十七岁的年纪，却不过是五十多岁的样子。她扎着围裙，在宽大厚重的桌案边，一下一下揉搓着加了花生油的面团，面团用的是石磨面粉。她的揉搓一下是一下，不急不徐。那桌案在她有力的揉搓下却纹丝不动。孔子博物馆糕点部，是她的一方天地。已做好的点心摆放在柜台上，麦香、果香、花生油的香，低调内敛，有挥之不去的来自岁月深处的熟稔，暖而厚，能够深切地唤醒舌尖上的记忆。

　　"我与这个大桌案特别有缘。这桌案比我的年龄都大，刚开始参加工作的时候，我就在这个大的桌案上做糕点。在此之前，曲阜食品加工厂的师傅们在这上面做糕点，更早的时候，我的父亲和他的师傅在它上面做糕点，在我父亲之前，它在孔府里。"那大桌案，长近两米，宽一米二，厚两寸，沉实有力。大桌案的木质，已无法判断，它从不生虫，也不开裂，稳重沉实。它与周姐的每一次互动，都是一次势均力敌的对谈。从 1986 年调到孔

153

府做点心起，周姐已记不清在这桌案上揉搓了多少个面团，做了多少份点心，有多少朵感知她手上温度的花朵，在时光深处开放。此时，周姐的脸像她手中的面团，有一种让人过目不忘的光泽。

她摩挲着这桌案，像看一个相知多年的老友："这桌案是有了魂了。"和桌案年岁相仿的，是她的另一个老物件，一个专门用来搓枣泥的铁筛子。枣子蒸熟，趁热在上面挤压揉搓，细腻的枣泥从网眼中出去，枣皮就留在了上面。还有一根光滑粗壮的枣木擀面杖，泛着暗红的幽光。这都是几辈人传下来的老物件儿。

世事变迁，孔府糕点房里的师傅出来谋生

周姐做点心的手艺，是从父亲周庆海那里学的，父亲的手艺是跟孔府里出来谋生的糕点师傅学的。

1949 年后，最后一代衍圣公去了台湾，孔府里面的人各奔东西，自谋出路。周姐的父亲那时也才十七八岁，原本家境富裕，家里的四个舅舅，都会做家具，孔府也要订他们做的家具，周姐的父亲因为这层关系，就认识了一位在孔府做糕点的师傅。糕点师傅从孔府出来，正愁没有生计，几个人决定凑本经营，你家拿多少，他家拿多少，买炉灶，买面粉，一起做点心，各占各的股份。在曲阜东门里，他们盘了个点心铺，叫"顺风号"。周爸爸有文化，学做点心，还挑着点心出去卖，没文化的，他们几个就

在店里做点心，"顺风号"后来又叫"鸿昌号"，再后来施行公私合营，周爸爸就成了国营企业的正式工。还是因为有文化，周爸爸被派到第一百货大楼，负责烟酒糖茶和点心的销售管理。

周传梅上小学五六年级的时候，跟着父亲去食品加工厂进货："在那里看，喜欢吃，跟着学，再到后来就自己在家里做点儿，再后来，爸爸就叫我去食品加工厂，1976年就在那边上班儿了。"

1986年，周传梅调到孔府任面点师，那时，还叫孔府饭店，孔府门票才五毛钱。孔府要祭孔，要招待世界各地的客人，就开始布置点心。"我母亲六十多岁就走了，我和父亲在一起过，父亲继续教我做点心，我们爷俩一起过了二十多年。"得到父亲的真传，在孔府，勤于学习的周姐，又继续提升自己的技艺和对儒家文化的理解。孔府有糕点房，有热菜房，有凉菜房，有面房，周姐一直在糕点房专做糕点，糕点房当时有四个人，因为各种原因，如今只剩下周姐一个人还在做。因为长于做孔府传统点心，周姐还注册了个人商标"圣府糕点"，将孔府院内西路福寿堂作为店面和作坊，制作孔府糕点，推广儒家美食文化。2010年5月，受山东省旅游局、膳食家协会邀请，周姐代表"好客山东"餐饮界到台湾圆山大饭店参加孔府菜美食节的展示。

2020年8月至今，周传梅接受孔子博物馆之邀，在博物馆现场制作点心，并向游客讲解中国传统的糕点文化。作为孔府糕点制作技艺非遗传承人，周传梅有一种文化自觉，她热心地向来孔子博物馆参观的人讲解糕点制作的要点，她希望她的坚守，能让更多的人记住并懂得孔府糕点的"好"。

传统点心有什么祖传的秘笈

"如果说有什么特别的秘笈，一定是原料——产地、存放、如何磨制，都是有说道的。"周姐的回答，明确，简洁，没有玄虚，大道至简。

周姐的老家在泗水，这让她对泗水情有独钟。特别是对泉林，泉林是泗水的源头，周姐最爱选的原料都来自这里。周姐说："这里的庄稼比别的地方都好，泉林的水浇的菜比别的地方的菜都好吃。这里出产的花生，甜，没有渣，蒜在石臼里捣，粘得可以把石臼提起来。"

朱熹有诗："胜日寻芳泗水滨，无边光景一时新。等闲识得东风面，万紫千红总是春。"让朱熹流连忘返的，就是周姐家乡的泗水。《（乾隆）曲阜县志》记载："泗水在县北八里。韦昭云：在鲁城北是也，源出泗水县。西北流出卞桥与洙水会合，而北入曲阜境。又西流，绕圣林后又西南至兖州府。"孔子的弟子曾参居于鲁国洙、泗之间，他发展的学说因此又称洙泗之学。泗水上游的水质，涵养了世界上对水质比较挑剔的水生动物之一桃花水母。

做点心从选原料开始，周姐选的麦子，长在泗水河南。2022年后，面粉的需求量变大，周姐又挑选了曲阜当地的一种石磨面粉。石磨低速研磨，低温加工，让面粉的分子结构完好，保留了小麦更多的香气。花生、花生油，都是泗水的；大枣、核桃、葡萄干儿来自新疆，特级的。

点心馅，周姐要自己调，不加防腐剂、添加剂。什么馅配什么糖。糖和主馅，会相生或相克，要选择相生的搭配在一起。糖要少加，要突出馅的味道。不用奶油。馅里的酸是用山楂调的，馅里的甜就加点蜂蜜、糖，糖有白糖、冰糖与红糖。糖与馅相生，才能让馅的口味和药性更为突出。

老黄姜，加老红糖；

大枣儿，加老红糖；

雪梨，加冰糖；

山楂苹果馅，加蜂蜜，酸酸甜甜。

点心的造型，有传统的吉祥图案，也有周姐自己创造的"花朵"图案。寓意吉祥的造型，越来越受到年轻人的欢迎，石榴花、佛手、元宝、寿桃、荷花，全部都是用手捏的，不用机器，也没有一个模具。周姐说，十指捏出的点心，是有温度的，有根有魂的。用这样的点心敬奉祖先，也会特别有诚意。

坚持传统，但从不保守。周姐说："时代变迁，做点心，要坚持传统，也必须与时俱进。来的客人，说好的，不好的，都是我的老师。（做的点心）要和现在客人的健康需求相一致。"

周姐做点心，遵守规则，也突破规则，有的时候，没有什么规则，是基于长年经验的随心所欲，凭的是感觉。有时，半梦半醒之间想起一个造型，早上起来就能在十指之间完成。有时，赶上什么东西正上市，就做到点心里，周姐做的香椿馅的点心，让人难忘。有朋友来做文化交流，问点心原料确切的配方数据，她也无法回答。2023年端午节前，来了个丹麦的留学生，要体验中国传统文化。因时间紧，周姐就教她做一个盘龙酥。原料有糖、油、面、鸡蛋，用鸡蛋和面，不加一滴水。六个鸡蛋打进面里，开始倒油，周姐说："倒、倒、倒，好！"外国留学生问周姐："'倒、倒、倒，好！'是多少？"周姐说："我也不知道，就是我的感觉了。"面也不秤，鸡蛋也不秤，油也不秤，直接就上手。擀好面后，用喝水的杯子，将面饼抠出来一个圆形，再在中心抠出来一个小圆，上锅油炸，中间的小圆一炸就涨，一翻一挣，把里面的小圈拉出来，放在外面的大圈上，相当于一个龙头，点上两个点儿，这就是个龙眼。这和包饺子一样，更多的是凭经验。

热爱学习的周姐，最爱逛的，不是服装店，而是糕点店。在上海那几年，一年两次的世界顶级的糕点比赛大会，她一定要去看看，去看人家的造型。对翻糖造型的栩栩如生，她说："在造型能力上，我们是小儿科，没法比。"

迎门点心，进门汤

人们习惯把糕点称为点心。这里，还有一个传说：南宋的时候，抗金女英雄梁红玉为了慰劳士兵，制作了各种美味的糕点，寓意是点点心意。点心，在春秋时代有了雏形；点心的名词，从唐代开始有了。

客人登门之前，点心必须备好。大门前看见人影儿了，点心就要端上来了，客人坐下了，汤就烧好了。这是孔府过去的老规矩。上点心也有要求，上什么点心要配什么汤，甜馅儿的配甜汤，咸馅儿的配咸汤，夏天要配夏天的汤，冬天要配冬天的汤。

吃莲子馅的点心，要喝莲子银耳汤。夏天要吃点莲子，清心败火。

吃绿豆沙的点心，要喝绿豆汤，加一点点桂花，绿豆桂花汤。夏天喝，清热。

吃盘龙酥，要配玉米羹汤。

吃山楂馅的点心，要配酸梅汤、梅子汤。

吃枣泥馅的点心，要配枸杞、甘草、麦冬煮的汤，过去孔府就是这么配伍的。

吃板栗馅的点心，要配栗子羹，栗子切瓣儿，微甜就行。

鱼鳞酥，是咸的，像鱼鳞一样，一块儿一块儿的。里面是椒盐的，用核桃粉跟腰果粉做的馅儿，偶尔加点儿香椿。配汤，就要配萝卜汤，萝卜丝加点姜丝煮至成汤。

如意酥，是甜的，要配羹之类的，配小米粥，或者加点儿莲子、银耳，莲子银耳羹。

什么时令要吃什么点心。中国的祖先，一直在探寻生命与自然之间的关系，并积累了智慧和丰富的实践。依据二十四节气，古人发现不同的节气对应不同的身体状态，而应补充应季的养生食材。同样，按节气吃点心也不例外。

孔府糕点分外用、内用。外用糕点主要用于进贡、馈赠。外用糕点以常年糕点、如意酥、开口笑、孔府月饼为主；内用糕点分应时糕点、孔府糕点、到门糕点、节用糕点等。常年糕点有如意花、菊花酥、芝麻饼。应时糕点，就是按时令变化随时制作的点心，如夏令的绿豆糕、栗子糕、凉糕；冬令的山药糕、豆沙糕、山楂酥；春秋的大虾酥等。季节不同，点心也不同。到门糕点是客人到门、宴席之前的糕点，制作精巧，形象生动，有一口酥、棉花桃等。节日糕点有元宵、孔府月饼等。

周姐把各种点心放到一个小碟子里面。

"你一定要尝尝这个枣泥糕。"

"你一定要尝尝五香花饼。"

"你一定要尝尝这个莲子饼。"

"你一定要尝尝这个芝麻饼。"

不同的点心就像不同的花朵，美着，香着，开放着。它们在周姐的十指间诞生，每一种点心都是周姐的挚爱，她用目光抚摸着她的花朵，像一个母亲看着自己宠爱的孩子。

难得一碗糊粥

曲阜归德南路 1 号，王记粥铺，清晨四点钟，天才蒙蒙亮，陆陆续续就有粥客往这里来了。小店迎着大街，四周都已是高楼大厦，唯有这一片是平房。百年前，作为进奉孔府的粥户，王记粥铺会按要求给孔府送粥。附近县城的人，也爱来这里喝粥，除了曲阜的，还有济宁、兖州、泗水、邹县的。糊粥世家如今的传承人，王家小弟王立光，已提前三个小时就到店里熬好糊粥，等着客人了。半人多高的两个敦实的粥桶，盖着包裹小白被的桶盖，稳稳当当地安放在粗木十字底座上，立在迎着客人的西北角。在"粥冠九州"的横幅下，是盛粥的和等粥的地方。墙角的玻璃橱窗上贴着几个大字：曲阜特色粥泡羊肉，烧饼卷油条。糊香、豆香、米香，把王记粥铺充溢得又暖又满。

地当间是矮桌，矮桌边上是可以收起来的马扎。挨着三面墙放的是高桌，坐在这儿的客人可以抻直腰舒舒坦坦喝碗粥。坐在马扎上的往往是本地常客。每天早上一碗糊粥，是曲阜人舌尖上的记忆，也是勤劳的人们唤醒幽微晨光最温暖直接的方式。粥桶旁边的条案上，码起来半人来高的蓝边儿白瓷大碗，时不时就有碗边缺个小茬的。一个素朴的大姨，忙着一碗一碗地盛粥；一个年轻女子正把熟羊肉切片，她手持一把月牙刀，在一个年轮丰密的厚木墩上，把一小块儿麻将大的羊肉，转眼就切成一小堆菲薄的羊肉片。月牙刀，刀背处呈月牙状，看起来颇有些分量，颇有些年头。

粥店几乎没有装修。前店的白墙壁上，挂着四五块匾额、老照片或防火事项之类的，后店是厨房，在前店和后店之间的走廊，放着炸油条、蒸包子的锅灶。食客一般会要一碗粥，一两熟羊肉，一根油条，再到店门右手边的小案上去盛一碟清咸爽脆的免费小咸菜。孔子博物馆的年轻研究员、孔子第八十八代孙孔维亮对我说："一碗糊粥，一根油条，拌一小份羊肉，是曲阜人比较传统比较地道的早餐了。"客人断断续续地走进来，又断断续续地走出去，来了不迎，走了不送，每个人都自在安然。也有人是拎着保温桶或老式暖壶来的，打好粥，打包上早点，回家去喝。他们大多和店主相熟，说几句老街坊之间的热络话，再拎着粥桶离开。一直到上午十点，店里的热闹才能稍稍歇下来。一上午，大概能卖出5大桶糊粥，一桶能卖200多碗，一碗三块钱。这一早上就是1000多碗糊粥，1000多人的早餐。

一

王记粥铺的经营者，是王家兄弟里排行最小的七弟王立光，他也已经55岁了。他的手艺是从他们高祖爷爷那里传下来的。王立光说："糊粥，是从俺爷爷的爷爷时开始的，那时候叫孔府贡粥，人们都愿喝这口。这名气不是从现在打的，是从老辈儿里，干了几代了，现如今已经是第五代了。"王立光对自己家的糊粥颇有些自得："糊粥是用纯粮食做的，小米和大豆，最是养胃。"

夏天，凌晨一点，王立光就已经走进粥铺，开始熬第一锅粥了。一锅粥要熬五十分钟，到早晨五点左右，王记粥铺的地当间，已摆好了满满当当的四大桶粥。看当日食客多少，再决定是不是再熬一锅。冬日天亮得晚，凌晨三点，他起来忙活也赶趟儿，反正要赶在第一波食客到来之前，做好头一锅糊粥。

糊粥的主要成分是大豆和小米。大豆通称黄豆，富含植物蛋白质，是天然食物中营养价值较高的食材。头天晚上泡发，让豆子吸收足够的水分，第二天出浆最是充分。小米也要提前泡，第二天水磨、过筛，留取精华部分，然后入锅。已经筛过的小米糊，摆在灶台角上。用来筛小米糊的箩，是极细的，筛过米糊清洗干净，便挂在北窗上，做壁上观。北面的窗台，立着一个用了几辈子又很是不起眼的小坛子，装着不多的香米。小坛子藏着王家糊粥的一个小秘密。锅灶边上，放着一把木制的长把大勺和一个已经泛红的水瓢，长年的水烫火烤，让它们有了微光。门后，斜靠着一个长扁担，是用来挑粥桶的。最让人惊异的，是墙上一把"退休"的长把铁勺，勺子已经磨漏，成了一个圈。王立光调侃自己："看我用这把勺子搅了多少锅粥！老话儿说，只要功夫深铁杵磨成针，我这是熬粥功夫深，铁勺磨成圈儿。"

熬粥人辛苦，更要用心。锅里，先倒入一瓢冷水。王立光到北窗那，从小黑坛子里捏了一把香米，迅捷地撒进了锅里。别小看锅里加的这么一点香米，却能使口感更加滑糯，并赋予糊粥特殊的米香。加热、水开，七八分钟光景过后，王立光才开始往锅里倒豆浆。豆浆不是一次全倒进去的，一次只倒四分之一或五分之一，灶台角的长把木勺，这时派上用场。豆浆进锅，王立光手持长柄木勺，不断地在锅底顺时针划锅、搅动。豆浆开了，沫子漫上来，王立光又往锅里倒进一些豆浆，把泛起的豆浆沫压下去，一直到所有的豆浆都进到锅里。这时，得加一把火，豆浆沫瞬间高涨，要跑出锅来。豆浆沫到锅沿儿，还差四扁指时，关键的"滤"开始了。王立光举着瓢，深舀起一瓢热豆浆，举过头顶，又在高处倾倒进锅里，再舀起一瓢，一起一落，一瓢又一瓢，王立光管这叫"滤"。用瓢"滤"起来，就是用瓢舀起来沸腾的豆浆再不断倾倒回去，豆浆在倾倒过程中降温，锅里泛起的豆浆沫，也被突然而至的豆浆压了势头，待豆浆再次沸腾接着"滤"。往复三次，故名三开。看起来像"扬汤止沸"，既是为了控制温度不溢锅，也是为了达到延长熬煮时间、分解豆浆沫、促进食材成熟的目的。另外，高热豆浆与空气充分接触，可能会将豆腥味更好地去除。在这一过程中，豆香、米香，愈发地浓郁了，局促的粥房里，氤氲的水汽中，王立光重复着这套不知做了多少万次的动作。

浸小米糊，是糊粥制作的最后一道工序。

将泡发后研磨并过滤很细的小米浆与豆浆混合，糊粥滑爽的效果才开始形成。待豆浆熟了，王立光又舀了两瓢豆浆倒进小米糊的盆里，搅拌均匀过后，把米糊全部倒进热豆浆里，再开两开，最后再煮十分钟，糊粥就可以出锅了。

王立光对粥的浓度的把握全靠感觉。王立光说："这粥先是得开三开，再开两开。先烧点水，然后把豆汁倒进去，豆汁开锅以后用瓢打起来，开三开，再把米糊浸进去，开两开就出锅了。"

此刻，糊粥呈现的状态，看上去比成品粥要稀一些，其实这才是理想的浓度，接下来，米糊还有一个在粥桶里逐步膨胀稠化的过程。鲜嫩豆浆与香浓米糊完美融合，孕育出曲阜糊粥柔和非凡的味道。对曲阜本地人来讲，这粥熬的不稀不稠不甜不咸，不黄不白，正对味儿。世代相传的糊粥，是王家后代对祖先味觉记忆的传承，也是对曲阜人乡愁的慰藉。

二

粥为何物？

在《粥的历史》一书中，记载了三国时蜀国一位大学者谯周，他说"黄帝始烹谷为粥，蒸谷为饭，燔肉为炙"。粥，很可能是谷物与人类接触过程中，早期出现的一种"食物形态"，其烹饪方法延续至今。它以五谷杂粮为主要食材，《黄帝内经》中有"五谷为养"的观点，多食粥，也是老年保健的重要方法，所以陆游《食粥》诗曰："世人个个学长年，不悟长年在目前。我得宛丘平易法，只将食粥致神仙。"诗中所言"宛丘"，即北宋文学家张耒，字文潜，著有《宛丘集》，他是食粥养生之说的极力倡导者，曾作有《粥记》一书，对粥的养生功能作了系统阐述。明代医学家李时珍在《本草纲目》中也说，粥又极容易与肠胃相得，最为饮食之妙诀也。

宋朝林洪的《山家清供》里，记载了一种《豆粥》，看起来和糊粥不同，和今日的红豆粥类似："用沙瓶烂煮赤豆，候粥少沸，投之同煮，既熟而食。"[1] 苏东坡也喝过这种粥，还为之写诗："江头千顷雪色芦，茅檐出没晨烟孤。地碓春粳光似玉，沙瓶煮豆软如酥。我老此身无着处，卖书来问东家住。卧听鸡鸣粥熟

---

[1] 〔宋〕林洪：《山家清供》，中华书局，2020，第16页。

时，蓬头曳履君家去。"

从孔子的时代开始，豆是穷人的主食。在张竞的《餐桌上的中国史》一书中，可以看到豆在穷人生活中的关键作用。当然，菽，是豆的总称，不一定是黄豆。

菽（豆）：身系庶民生死

孔子时代的粮食有稻、黍、粟、麦、豆等几个种类。豆是下层人的食物。《战国策》里记载了公元前311年－前296年间关于韩国的地方风俗人情（《韩策》）。韩国位于现今的山西、河南交界处，文中描述这一地区土地贫瘠，只能种麦、豆。百姓的食物基本上是豆饭和豆叶汤，如果这年收成不好，就有民众连酒糟和糠也吃不上的情况。这是孔子生活的时代之后一两百年的时期，主食的状况应该没有大的改变。

换句话说，孔子的时代至少有一部分地区是以豆类为庶民的主食的。①

以菽粟为主食的老百姓，自然有办法把豆和小米吃得花样百出。我们无法确切地知道，糊粥是谁的发明，糊粥的历史难以

① 张竞：《餐桌上的中国史》，方明生、方祖鸿译，中信出版社，2023，第3页。

考证，只知道糊粥是民间美食，粥铺基本上都是路边小店。喝糊粥需要平心静气，糊粥入碗呈半固态状，还带着舀粥时泛起的气泡，稍加冷却，表面即起一层冷皮，下面依然烫热，故有"心急喝不了热糊涂"的说法。喝粥的常客，有时连勺子也不用，而是用嘴沿碗边转着圈喝，目的在于避免烫嘴，通常喝到最后每一口都是热的。喝完，碗上一丝不沾，干净如洗。

啥是一碗好粥？糊粥算得上一碗好粥，味香，养人，而且抗饿，一碗粥，能顶一上午，没有饿意。也许，糊粥像一些孔府菜那样，口味受欢迎，食材又易得，做法平易，就自然从民间到了孔府，或是从孔府来到民间。

清朝的袁枚对粥的要求也高，在《随园食单》里，他说"见水不见米，非粥也；见米不见水，非粥也。必使水米融洽，柔腻如一，而后谓之粥"。糊粥里，看不见米，但"柔腻如一"。对于粥的养胃功能，袁枚说了一个趣事："余尝食于某观察家，诸菜尚可，而饭粥粗粝，勉强咽下，归而大病。尝戏语人曰：'此是五脏神暴落难，是故自禁受不得。'"因为饭粥粗糙，回来就大病一场，这是五脏庙里的五脏神落了难，所以我的身体才受不了啊。没有喝到一碗好粥，就像是五脏落了难，要经受几番折磨，文人墨客还真是挺会夸张的。

三

古人一首《煮粥诗》写得像粥一样滋味绵长，苦中作乐：

煮饭何如煮粥强，好同儿女细商量。

一升可做三升用，两日堪为六日粮。

有客只须添水火，无钱不必做羹汤。

莫嫌淡泊少滋味，淡泊之中滋味长。

粥，对穷人似乎更为友好，"有客只须添水火""淡泊之中滋味长"。

王家糊粥，第一个特点是清香，第二个特点是清口，第三个特点是不粘碗。糊粥的标配是油条或馓子，把油条泡在粥里，片刻回软后更为适口。羊肉是自家煮的，现卖现切，客人根据需要酌情添加。羊，用的是曲阜本地的小山羊，小一点儿的山羊也就二十斤左右，再大了也会有膻味儿，绵羊也嫌膻气重。羊肉分成块儿下锅，不同部位煮的时间略有不同。五六个小时后，拿出来晾到五分干，然后再次入汤，再焖，再入味儿，再拿出，再晾凉，放在保鲜膜里定型儿。煮羊肉用的是自制的植物调料包，一次一包，羊肉的红，是调料包里红曲米的颜色。

糊粥，在民间也叫糊涂。微山、济宁的糊粥糊味重一些，曲阜的则较为中庸。还有人称，郑板桥的"难得糊涂"，是喝完糊粥之后留下的谐谑之语，不知真假。如果说难得糊涂是一种生活智慧，那么王家几代人辛勤劳作，凭良心，实实在在做生意，做好粥，本身就是一种大智慧。粥铺里每天络绎不绝的食客就是对他们最好的回报。

回望孔府，对于"食不厌精，脍不厌细"的历代衍圣公们来说，在钟鸣鼎食、山珍海味之余，平时食用最多的，对身体最滋补的也许还是这一碗浓如酱、滑似水、香沁人的平民美食吧。

论语也成"劝酒令"

唐朝天宝五年（746 年），都城长安。

放言要"致君尧舜上，再使风俗淳"的杜甫初到长安，李白、贺知章、李琎、李适之、崔宗之、苏晋、张旭、焦遂八人为杜甫设下欢迎宴。

菜品是否高端已无从知晓，主要是参加的人都是当时的社会名流、后来名垂青史的艺术巨匠。在酒局上维持秩序的录事（相当于司仪），负责行酒令，维持秩序，烘托气氛。他一手高举上端为矛形的曲边酒令旗，一手持握银质鎏金酒筹桶，负者抽取筹桶中的酒筹（写有酒令的签），并高声朗读上面的筹语。

这第一个从筹筒中被抽出来的酒筹，最是合众人的意：

有朋自远方来，不亦乐乎——上客五分

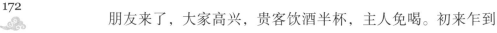

朋友来了，大家高兴，贵客饮酒半杯，主人免喝。初来乍到

的杜甫，在众人的注视下和欢闹声中，痛快地喝下半杯。他沉浸在友情的欢愉里，脸上没有任何后人印象中的沉郁和愁苦。

录事再晃筹筒，再抽酒筹：

君子，不重则不威——劝官高处十分

品行高尚的君子不庄重则没有威信，在座官位高者喝一杯。唐玄宗的侄子汝阳王李琎，位高权重，必须喝；李适之时任左丞相，也要喝。李丞相喝酒最是痛快，像"长鲸吸百川"，这是什么酒量？边喝酒边嚷嚷要让贤。不久后，李适之"让贤"的愿望真的实现了——他被奸臣李林甫排挤出朝堂。

再晃筹筒，再抽酒筹。

己所不欲，勿施于人——放

"放"，大家都不用喝了。掌声响起，硝烟暂息。

待下一轮，又纷纷叫嚷："来来来，抽签！抽签！"都催着录事再晃筹筒，再抽新的酒筹。

闻一知十——劝玉烛录事五分

哈哈，这次是录事喝酒。没想到这等幸运，被录事自己抽到了，"五分"就是半杯。主人、客人都不用喝，维持秩序的录事，却要饮下半杯。

"怎么句句都是《论语》？"座中人都有些疑惑。

"是了，是了，这个装酒筹的筒叫龟负论语玉烛。"殷勤的录事已饮毕半杯，边擦拭嘴角的残酒，边赶紧应答。

"谪仙人，这是孔夫子在劝酒，你能不喝？"贺知章称李白为谪仙人，意思说他是贬谪到人间的仙人。他佩带上的金龟早已和李白换了酒喝，此时，又在怂恿李白喝酒。

李白喝酒哪还用人去劝："将进酒，杯莫停，将进酒，杯莫停！"管他谁来劝酒，喝就是了。李白是个快活人，别说有好酒喝，就是在倒霉的时候，饭都吃不上了，还写下"余亦不火食，游梁同在陈"（《送侯十一》），把自己当成在陈蔡绝粮、七天吃不上饭的孔子，与圣人平起平坐。"我本楚狂人，凤歌笑孔丘"，狂狷的李白，连孔夫子也要笑的。

如果有一场最重要的酒局要入中国艺术史，一定是这场。它记录于杜甫最热闹、最有趣的一首诗《饮中八仙歌》：

知章骑马似乘船，眼花落井水底眠。

汝阳三斗始朝天，道逢麹车口流涎，恨不移封向酒泉。

左相日兴费万钱，饮如长鲸吸百川，衔杯乐圣称避贤。

宗之潇洒美少年，举觞白眼望青天，皎如玉树临风前。

苏晋长斋绣佛前，醉中往往爱逃禅。

李白斗酒诗百篇，长安市上酒家眠，天子呼来不上船，自称臣是酒中仙。

张旭三杯草圣传，脱帽露顶王公前，挥毫落纸如云烟。

焦遂五斗方卓然，高谈雄辩惊四筵。

从一仙贺知章、二仙汝阳王、三仙李适之、四仙崔宗之、五仙苏晋、六仙李白、七仙张旭到八仙焦遂，"饮中八仙"姿态各异。以文会友，以诗下酒；高朋满座，你来我往；举杯豪饮，觥筹交错；坐而论道，醉而忘忧；豁然而醒，举杯再醉；醉里挑灯，灯下寻酒，哥儿几个，金樽清酒斗十千，"与尔同销万古愁"。这也许是中国历史上最风雅、最酣畅的神仙酒局了。

总之，这场潇洒快活的神仙酒局，每个人都没少喝。至于写下"非虚构"的杜甫，喝了多少就成了一个千古之谜，反正写下了别人，把自己的酒态给忘了。可见，掌握话语权是多么重要。其实，杜甫也是爱酒的，不过，读杜甫的诗就能知道，杜甫喝酒喝多了特别爱哭，而且一哭再哭，特别的"丧"。

录事口中不断地诵读着《论语》里孔子的句子，劝大家继续饮酒。手托鎏金银器筹筒的录事，也可以叫玉烛录事，为啥叫玉烛录事？只因录事手中装酒筹的筹筒，筒身正面錾一开窗式双线长方框，方框内刻鎏金的四个楷书大字"论语玉烛"，筒内有鎏金酒令银筹50枚，每枚酒令筹的正面刻有行酒令的令辞，令辞的上半段采自《论语》语句，下半段是酒令的具体内容。"玉烛"二字，始见于《尔雅·释天》，谓四时和气，温润明照，称为"玉烛"。《论语》是儒家思想的经典，是四书之一。"论语玉烛"就是用论语里的词句来调和大家喝酒的事理。用孔夫子《论语》里的句子来劝酒，这亦庄亦谐的事儿，也许只有无拘无束的唐朝人才干得出来。

中国古人为了喝酒，花了不少心思。从商周时代开始，青铜酒器从盛酒、温酒到饮酒，一应俱全，从花纹到造型都精美玄异。美国弗利尔美术馆镇馆之宝，子乍弄鸟尊，这件流失海外的国宝，纹饰精美绝伦，颈部更是用黄金错出了四字铭文：子乍弄鸟，这大概是迄今已知的较为精美的春秋时期的酒器。这件中国的青铜器，出土自中国山西太原金胜村的晋国大墓。它是与孔子同时代的晋国赵简子的手边玩物，也能盛酒。这鸟尊或许见证了赵简子和阳虎的很多次密谋，或许也听过阳虎对孔子的评价和议论。孔子的酒量也不错。孔子说"惟酒无量，不及乱"，一个人的酒量有大有小，只要保证自己不大醉，不乱性，不失礼就可以了。关于孔子的酒量，有人说大，"孔子百觚"，看起来也小不了。觚，是古代的酒器。长身，细腰，广口，上圆下方。孔子是爱用觚喝酒的，《论语·雍也篇》之二十三，子曰："觚不觚，觚哉！觚哉！"孔子说："觚不像觚，这还叫觚吗！这还叫觚吗！"估计，是有棱有角的觚，被改了模样，惹得孔子发火了。到宋代的时候，觚，因为玲珑剔透的造型而成了花器，也叫花觚。

有了好的酒器，还要有挖空心思的斗酒手段。古人也和我们一样，单纯饮酒有点太闷了，就想来点好玩的游戏助助兴，增加点喝酒的理由和欢乐。老百姓中间盛行的是"通令"，掷骰、抽签、划拳、猜数。文人雅士中盛行的则是"雅令"，引经据典，分韵联吟，当然，还有"俗令""筹令"。央视《中国诗词大会》，把古人的诗词游戏"飞花令"作为比赛项目，"飞花令"得名于"春城无处不飞花"。在古时，"飞花令"是人们在饮酒时特有的一种助兴游戏。《中国酒令大观》中记录，古人把酒令分为覆射猜拳类、口头文字类、骰子类、骨（牙）牌类、筹子类、杂类，共计726种之多。

成语"觥筹交错"说的就是牛形的盛酒酒杯和行酒令的筹码，在酒宴上杂乱地放在一起。觥筹狱，是宋代陶谷的《清异录》里记录的一件"异事"：单天粹好酒，请亲朋喝酒时，以巨杯装酒强迫大家喝，弄得大家都很狼狈。但他人好，人们也喜欢和他喝酒，有时就开玩笑说："单家的酒席，是觥筹狱啊！""筹"就是古代饮酒做游戏时行酒令的用具，"筹"的样子，有点像大家到庙上求的签儿，每根酒筹一般分两部分，上端刻有筹文，一般是风雅的诗词或典籍句子，下端是此酒巡谁人要饮多少的指示。喝酒时，从筹筒抽出酒筹，以行酒令。没有"筹"，这酒喝得就少了几分趣味。但没有现成的筹，也难不倒机智的江州司马，白居易在诗中写道"花时同醉破春愁，醉折花枝当酒筹"。现折一段花枝也将就。看了这两句诗，我一直怀疑白居易醉折花枝时玩的游戏是"猜长短"。一段树枝，怎么玩出花样？最直接的，就是两根并排一齐放着，让斗酒的人猜哪个长哪个短。猜错了的人喝酒。

饮酒行令，诞生于西周，完备于隋唐。在唐朝诗人的笔下，喝酒行令的酒局比比皆是。正如 2023 年春，在镇江博物馆展出的《盛世风华——大唐地宫的惊世宝藏》介绍里所说：

有唐一代，世人豪饮成风。上至皇室贵胄，下至贩夫走卒，莫不纵酒狂欢。唐人饮酒之趣，在于推杯换盏之间，必行酒令，以佐欢乐。丁卯桥窖藏中出土的唐代饮酒器具以及令筹，为我们了解唐代的饮酒之习提供了极为珍贵的实物资料。唐代的酒文化也已成为盛世文明中不可或缺的重要内容，多少文人墨客惊艳才绝的诗词，都是饮酒即兴之作，为我们留下不可磨灭的历史印迹和弥足珍贵的文化遗产。

而在这次《盛世风华——大唐地宫的惊世宝藏》展出中最为独特的，就是1982年元旦，在江苏镇江丁卯桥出土的"论语玉烛"酒筹筒及酒令筹、酒旗、酒纛等酒宴用具。2023年春，笔者在镇江博物馆，得以在《盛世风华——大唐地宫的惊世宝藏》展里欣赏到这套独一无二的、用《论语》里的诗句来助兴喝酒的"论语玉烛"。镇江丁卯桥这次金银器窖藏一次出土金银器竟有956件之多。这套唐代酒具——银鎏金龟负"论语玉烛"酒筹筒和酒令筹，在唐代出土文物中属首次发现，堪称娱酒器具中的极品，也是反映唐代人饮酒行令具体规范内容的珍贵实物，更是镇江博物馆的镇馆之宝。

酒筹筒，银质，刻花处皆鎏金，由上下两部分组成。上部是圆柱形筒，筒的正面錾双线长方框，内书"论语玉烛"四个楷书大字，两边一龙一凤盘绕，衬以缠枝花叶和卷云。底座为鎏金银龟，龟形昂首曲尾，背部隆起，四肢内缩，神态如生。龟是道家的祥瑞之物，象征长寿，它没有碑座的厚重，却多了几份灵动之气；龟背中间饰有"佛教圣花"双层仰莲，托举圆形酒筹筒，酒筹筒是鎏金带盖纽的圆筒，圆筒金光闪耀，宛如龟背上竖立一支金色蜡烛，与圆筒自铭"论语玉烛"相合。筒有盖，盖与筒身子口相接，盖顶为卷边荷叶造型，中间是莲苞状的盖纽，有银链与盖相连。

打开莲花型的筒盖，里面是 50 根扇骨状银质鎏金酒筹。刻有楷书并鎏金的《论语》的语句以及饮酒的规定。每根筹长 20.4 厘米，宽 1.4 厘米，厚 0.05 厘米。酒筹上半段采自《论语》的语句，下半段是酒令的具体内容，饮酒对象、饮酒方法和饮酒数量。

丁卯桥金银器窖藏还出土上端为矛形酒令旗 8 支，长 28 厘米，宽 2.3 厘米。一支上端矛形，下为圆球，长柄圆杆细长，柄上刻"力士"二字；此外七支制成竹节形，其中一支上端接焊竹叶。酒纛一支，长 26.2 厘米，顶端呈曲刃矛形，有缨饰，缨下设曲边旗，旗面上刻线环圈，柄为细长圆杆，柄上刻"力士"二字。竹节银棒六根，最长的 26 厘米，形制相同，竹节状。龟负"论语玉烛"酒筹筒当为笼台，旗、纛则为行令的"执法工具"。这是迄今为止我国出土的最古老的唐代饮酒行令的筹令用具。

由此可见盛唐时期，文人雅士聚会畅饮很讲究仪式感。

再回到唐朝这场热闹的酒局上。

举着小旗的录事，继续将"论语玉烛"酒筹筒在众人手里传递着，让他们抽出各自选中的酒筹。

与朋友交，言而有信——请人伴十分

敏而好学，不耻下问——律事五分

己所不欲，勿施于人——放

出门如见大宾——劝主人五分

天何言哉，四时行焉——在座各劝十分

与（有）朋自远方来，不亦乐乎——上客五分

后生可畏——少年处五分

己所不欲，勿施于人——放

乘肥马，衣轻裘——衣服鲜好处十分

以上可归纳为六种饮酒方法：自饮、伴饮、劝饮、指定人饮、放、处；七种饮酒数量：有三分（小半杯）、五分（半杯）、七分（大半杯）、十分（满杯）、四十分（四杯）、随意饮、放（不饮）；饮酒的对象多达三十二种，喝酒罚酒的内容也多种多样。

玩得酒筹已经到处散落之时，席间众人俱已是东倒西歪，唐朝酒局上的这份热闹、不羁，不必再多描述。

北京大学历史学博士王珊认为，唐代最璀璨的金银器和玻璃器、铸造技术等，很多都是粟特人（塔吉克和乌兹别克人的祖

181

先）带来的。这也体现了大唐在文化上的开放性和包容性，把别国先进的技艺和本国人的需求融合在一起并发扬光大。

如今，造型奇巧的"论语玉烛"默立在展柜里，身边没有了一千四百余年前的笑语欢歌、觥筹交错，而它集儒、释、道三家思想于一体的气度，仍焕发着唐朝泱泱大国的气息。一个鼎盛大国，用兼容并包的气度构筑了新的社会秩序，影响了周边世界的发展，并为后世留下了丰厚的文化遗产。

感时应物，中国人餐桌上的诗意

四季轮转，室外风景不同，室内，人们的餐桌之上，也与之相应，与之相和。不同的季节，撷取大自然不同的恩赐，做出的菜品与时令相合，用的调味料，也对应人体所需，应时、应景、应季、应地。这是属于中国人的餐桌美学和生活智慧，是国人诗意栖居的创造，也是孔府菜的一个特点。

2500 年前的孔子说：不时，不食。这句话记载在《论语·乡党篇》里。孔府菜传承人彭文瑜先生也强调，孔府菜按照孔子的饮食理论，讲究"不时，不食"，按季节，应时令，到什么时候吃什么东西。民间有谚语：春吃芽、夏吃瓜、秋吃果、冬吃根，也就是按季节的恩赐，吃季节里阳气饱满的东西。春天吃芽，生机攒得足足的嫩芽都冒了出来，那些突破寒冬的芽和尖儿，就是攒了一冬最饱满的充满阳气的样子；夏天吃瓜，瓜类是上天赐予的饮料罐，大多能清热化湿，是适合夏季降温防暑的好食物；秋天吃果，秋天果实累累，饱吸雨水的滋养，太阳的曝晒，再加上霜打，果实的内在便愈发丰富了；冬天吃根，地下的根茎，通过叶片迎接阳光的恩赐，通过根须汲取水土的滋养，在暗中攒着最足的气力、最多的淀粉、最饱和的甜度，萝卜、土豆、红薯、花生、山药、生姜，所有根茎类的植物，这个时候最好吃。

一年四季，跟着季节走，跟着生命的节奏走，终会得到大自然最慷慨、最有力量感的呵护。

"不时，不食"的本意

"不时，不食"，字面意思是"非其时不吃"，"时"是哪个时，字面之外还有几个意思？

什么是"非其时"呢？有两个常见的说法，一是指不当其季节，一是指没有到一日之中吃饭的时间。很多人支持第一种说法，不时，指五谷不成、果实未熟。可是，春秋战国时期，没有反季和大棚蔬菜，"不时，不食"，如果指不吃反季食品，这种说法就显得过于以今人之心揣度古人之意了。另一种说法，就是不到饭点上就别吃饭。钱穆先生就是持这种观点的，他认为："物非其食者不食。食有常时。古人大夫以下，食惟朝夕二时。"① 这个观点也在《礼记·内则》中得到印证："孺子食无时，则成人以上，食必有时也。"小孩随时吃，一旦成人了，就要按点吃饭。

① 钱穆：《论语新解》，长江文艺出版社，2022，第226页。

早在商周时期，礼法上讲究等级有序，贵贱有别，"天子食则四时，诸侯三时，大夫以下惟朝夕二食"，也就是说，皇帝每天吃四顿饭，诸侯每天吃三顿饭，普通人每天吃两顿饭。"不时，不食"的正解，应该就是不到饭点不吃饭。

也有人说，不时，是指饭没煮到时候就不能吃。这个说法比较牵强。孔子说的"失饪"的"饪"就是指烹调生熟之节，"煮的生熟失度，也不吃"（钱穆注）。孔子博物馆副馆长杨金泉在《论语漫读》中说："孔子这里主要指没有到吃饭的时间不吃饭，每日三餐在时间上要有规律。但也有人把这一内容扩大理解为不要吃反季节的东西，因为反季节的产品都是违背天时的，当然我们也可以理解，所谓不时不食，还意味着反对吃零食等。"[1] 他把各种观点做了相对完整的集纳，让我们对"不时，不食"有了更全面的了解。

现在的人们，大多把"不时，不食"解读成"不吃反季食品，到啥季节吃啥东西"，本书也采用这个说法。

随着时光的脚步，古时再清楚不过的说法也会根据人类生活的改变衍生出新的解读。何况《论语》"语录体的疏略简约，可然可否，却又缺乏背景、语境的必要交代，其模糊性、多义性

---

[1] 杨金泉：《论语漫读》，国家图书馆出版社，2020，第200页。

也导致了歧义丛生，孔子学说的原质性消失于渺茫的时空黑洞之中"[1]。"与时偕行"的孔子如果泉下有知，相信也会给予理解和接纳，何况孔府的饮食探索也在不断地丰富"不时，不食"的意义。

孔府菜四季调味的"金科玉律"与食疗

按照"不时，不食"，孔府菜在四季都会有不同的选择。彭文瑜老先生按四季不同，提供了一个孔府菜向大自然"购买"的食品原料清单：

春季的有荠菜、春笋、香椿、生菜、莴笋、小红皮萝卜、樱桃萝卜等等。

夏季的有藿香、薄荷、蒲菜、荷叶、荷花、鲜莲蓬、甜瓜、西瓜、金针、黄瓜、丝瓜、茄子、花下藕、紫芽姜等等。

秋季的有南瓜、金瓜、冬瓜、核桃、梨、雏鸡、雏鸭、菊花等等。

冬季的有冬笋、百合、南荠、山药、大白菜、萝卜、豆腐、羊肉、韭黄、韭青等等。

这是一年四季后厨常用的食材清单，基本是春吃芽、夏吃瓜、秋吃果、冬吃根。做事极认真的彭文瑜老先生，还一笔一

① 王充间：《譬如登山：我的成长之路》，辽海出版社，2023，第411页。

划地写了个小单子，清楚地写下了四季用的调味料，调味料也要对应人体所需，讲究与季节相合。四季调味不同，对人体的作用也各不相同：

> 春喜酸醋提精神，
>
> 夏喜炝拌氽汤爽，
>
> 秋喜辣味增加饭，
>
> 冬喜咸油增加暖。

"不时，不食"，也是尊重我们的身体发出的需求信号。春天爱困，做菜时多放醋，提神；夏天天热，炝拌氽汤，爽利；秋天加点辣味，下饭；冬天天冷，增加咸度用油，御寒。顺应四季变化的饮食，也是顺应了人体在四季不同节气的养生需求。换句话说，人们要做到内在机体与外在自然环境的和谐，一切要遵循自然规律，莫任意妄为，才可能实现养生的目的。这是孔府菜四季调味的"金科玉律"。

把春天咬在嘴里

在孔府菜系里，最高端的席面是满汉席，在满汉席之外最典型的是中华四季名菜系，春夏秋冬各有代表性的菜品。按彭文瑜

187

老先生的推荐，春季的时令菜大概会有"金丝燕菜""黄鹂迎春""二月兰炒烩拌"等等。

"金丝燕菜"，是春季最有代表性最高档的孔府菜。主料是燕窝、鸽子蛋，一道菜成本过万。

金丝燕菜

燕窝的备料过程，大体相似。将干燕窝用温水漂洗干净，容器内加碱面，倒入开水，待涨发后剔去杂质，用开水冲净碱味，控干水分，再热三套汤浸泡，滗去汤汁待用。

杀鸽取卵。鸽子的软蛋洗干净后，用针或竹签扎个孔（眼），用手拿着、向约80℃的热水锅中捏，捏的劲要均匀，出来的金丝（蛋液拉挤成的丝）才能均匀，待金丝受热均匀、成熟后再捞到高汤热锅中养上，并且用筷子整理成顺条状，像用梳子梳头一样的顺滑（顺直），捞到墩上再整理，用刀切成需要的长度，放入容器内。

全部整理好之后下入用高汤（高汤里必须有点咸味）汆过的菠菜。摆放菠菜时，必须是顺时针摆放，菠菜的形状要像小燕子飞翔的形态一样。这就要求选用同样大小、燕子翩飞形状的菠菜，一亩地也难选出来几棵中意的。

波菜堆成的燕子之间，有三个暗红色的间隔，一个间隔有三条细细的南腿丝，就是金华火腿丝，共九根。九是中国文化里的吉祥数字。如全羊席、满汉席、华夏四季名菜席的总个数（菜品）都是九的倍数，多以一百零八的居多，水泊梁山也是一百零八名好汉。金丝燕菜最后的摆盘也是有讲究的，先放周圈的金丝，再放中间的燕菜，然后在金丝上面点缀上火腿丝和菠菜心（又称红嘴绿鹦哥），最后冲入三套汤，切记在冲汤时要保持造型，不可破坏菜品造型。。

"金丝燕菜"是一道仅存在于典籍里、存在于传承人记忆里的菜，这大概也是只有皇亲贵胄、衍圣公等能吃得起的菜。

反倒是原料普通、接地气的菜，生命力最长久。在经营孔府菜的饭店里，"黄鹂迎春"是一道受欢迎的时令菜。这道菜的菜名很是惹人遐想，其实就是煎春卷，原料容易获取，做法也容易，是一道快菜，马上鲜，马上就能上席。这个菜以韭黄、肉丝为主料，用面皮裹卷炸制而成。其特点是酥香鲜嫩，颜色金黄。早春季节，初得韭黄烹成美味，室外新枝吐翠，黄鹂飞舞；室内高朋满座，把酒品鲜。内外情景交映，妙趣横生。因主料韭黄颜色金黄，又适逢黄鹂飞舞之季，故名"黄鹂迎春"。

二月二，是正月十五过后，一个最重要的节日

按彭文瑜先生的说法，二月二，一般都是和春节、元宵节差不多的席面要求。除了惯例的山珍海味，"一般都是有生菜（生财）、醋溜白菜（百财）、拌西洋白、黄鹂迎春、炒二月兰、锅煽菠菜、珊瑚菠菜、烧荠菜、蒜苗溜肝尖、爝红果（山楂）、糖饯苹果、蜜汁梨球等"。

此时的齐鲁大地，紫色的二月兰已出现，春天已回归，二月兰就出现在餐桌上。关于二月兰，在本书《二月二，二月兰，一道时令小菜》一文中有更详细的陈述。

曲阜的冬菠菜，一冬天都在地里。它们被落叶和雪盖住，大地持续地给予它暖意，农历二月的菠菜是甜的。这是从内至外的甜，带着风霜过后的韧，怎么做都是好吃的。锅煽菠菜，也是一道孔府菜时令菜。

菠菜又名波斯菜、赤根菜，叶子翠绿，根部紫红，让人联想到红嘴绿鹦鹉，所以，菠菜还有一个可爱的名字：鹦鹉菜。在曲阜，菠菜一年四季皆可种植，生命力顽强。苏轼曾在《春菜》中赞美菠菜在寒冬之日依然不凋，"北方苦寒今未已，雪底波棱如铁甲"。在冬天霜雪交加的苦寒之际，雪底下的菠菜却长得好好的，黝黑墨绿像铁甲一般。严冬过后，春季的菠菜味道最佳、口

感最好，那种历尽严寒的甜，是漫长冬季里的能量蓄积。

乾隆三十年（1765年）正月，乾隆帝第四次南巡，在宫外的三个多月里，时令蔬菜菠菜成了皇帝御膳中的常客，如猪肉菠菜馅水食（饺子）、菠菜猪肉虾米馅烧麦、海米炒菠菜、菠菜金银豆腐汤、拌芥末菠菜、曲麻菜梨丝拌菠菜等。

皇帝用膳讲究时令，春天气候干燥，菠菜口感鲜嫩，且有清火、润肠、润燥之功效。中医认为，菠菜性甘、凉，能养血止血、敛阴润燥、利五脏、通血脉、下气调中、止渴润肠。《本草纲目》记载其"通血脉、开胸膈、下气调中、止渴润燥"；《食疗本草》认为菠菜"利五脏、通肠胃热、解酒毒"。春食菠菜，秉承的是药食同源的中医传统，帝王之家与平头百姓莫不如是。

春天还有一道好吃的时令菜，就是炸薄荷。炸过的薄荷是脆的，薄荷特有的清香，似乎就是为了清除春天的倦怠。这是一道有师承的孔府菜。彭文瑜先生说："薄荷，先摘、后洗、放在那儿晾干水分。然后用蛋清和淀粉拌成蛋清浆，薄荷蘸蛋清浆下锅炸，炸完之后，再上霜，霜是绵白糖，再加青红丝，不用砂糖。"炸薄荷看起来有点类似日料里的天妇罗。一道完美的炸薄荷，最好一片是一片，不要黏连在一起。

在曲阜当地，还有一种五缨萝卜，脆、甜，好吃。上品的五缨萝卜，会有核桃粗细。从四月下旬到五月上旬，这个萝卜都是应季的好样子。把五缨萝卜改刀成佛手的样子，浇糖醋汁，也是一道时令菜——佛手萝卜。改刀过的萝卜，红白相映，在盘子里摆好造型，只待上菜的时候，滗净盘中的水分，兑好的糖醋汁里加香油，均匀地浇在萝卜上即可。为了保持萝卜的脆性，并呈现佛手的样子，整个过程不需另加食盐。

此菜色彩鲜艳，清香鲜嫩，是孔府宴席凉菜之一。

小荷才露尖尖角，早被厨师惦记上

夏季，典型的时令菜大多和荷花相关。彭文瑜先生介绍，四月的时候一般都做荷花肉、炸荷花、碧桃鸡丁。这是夏天的菜。这样的菜虽然形美，但太费功夫，大多已不做了。

彭文瑜先生说："以前做炸荷花，也叫炸瓤荷花。炸瓤荷花，顾名思义，里面是瓤馅的，有鸡、鱼、虾、肉等馅；还有瓤活馅的，就是熟料切成小丁，瓤在荷花里面，再用一样大的荷花瓣盖上，再挂上薄薄一层蛋清浆，下油锅炸，炸熟捞出装盘，上面撒上少许绵白糖（撒绵白糖称为上霜）和青、红丝段。"

彭文瑜先生还特别强调了做这道菜的两个技术要点：主要是保持荷花瓣的形状，在盘中也要摆成荷花形；荷花出于淤泥，虽说不染，多少也有夹带，必须细致地洗干净再用。

顶级的功夫，一定来自于细节的严苛。彭文瑜先生还强调了上霜和挂霜的区别："炸瓤荷花，最后要上霜。'上霜'二字是行话，包括点心有的也要上霜，但有的品种是挂霜，和上霜是有区别的。"挂霜是加热炒糖，在锅内炒至基本没有水分时，下入原料挂上糖汁，在锅内用铲子不断地翻炒，使糖汁全部挂在原料上，糖分自然凝固，形成白色，称挂霜，在孔府菜中挂霜称为"还糖"或"还源"，也是行话。想要色白，多以水化糖为主，并且化糖后还要澄去糖分的杂质，然后用澄出的清糖水下锅炒，如挂霜丸子、花生钱、莲子钱等。上霜就简单了，糖不下锅，用手撒在成品菜肴上即可。必须是绵白糖，砂糖不行。

夏末还有一道很是特别的菜，"虾子龙爪笋"。孔府菜的原料有的取之于野，粗料精制，具有典雅之风，成为名馔佳品的为数不少，"虾子龙爪笋"便是其中之一。夏末秋初阴雨连绵，一夜之间高粱根部生出一窝须根，犹如虬龙之爪，称作"龙爪笋"。选其粗胖白嫩者入馔，清鲜爽脆，配以虾子，鲜美异常，是不可多得的时令菜。显然，这道菜来自乡野，也是孔府菜向民间菜的借鉴。

夏末，接近初秋的时候，孔府会做一道碧桃鸡丁。这是收录在《中国孔府菜》里的一道时令菜，这道菜选料精细、质地鲜嫩、汤汁透明、口味鲜香适口。

菊花的美，也翻滚在火锅里

菊花自古以来被誉为"长寿花"，具有较高的药用价值。《神农本草经》中就把菊花列为上品，并这样写道："主风，头眩肿痛，目欲脱，泪出，皮肤死肌，恶风湿痹。久服，利血气，轻身，耐老延年。"[①]

吃菊花在中国是有传统的，屈原《离骚》中的名句"朝饮木兰之坠露兮，夕餐秋菊之落英"，虽然表达的是精神的高洁，但也可能菊花在当时就已经是人间烟火里的菜了。"采菊东篱下"的陶渊明，大概率也是在为自己准备吃火锅的食材。菊花火锅自魏晋到唐朝一直延续下来。

在孔府，菊花也是初秋之季的时令美馔。以白菊花和多味原料下滚汤涮而食之，菊花清香，"三套汤"鲜美。在菊花盛开之时，品酒尝菊，倍增风味。

彭文瑜先生说："菊花火锅里的菊花要挑秋季的白菊花，一尘不染的大瓣菊花，代表着秋季的果实累累，好收成，大丰收，要好好庆祝一下的意思。常规的菊花火锅，再加上四炸四卷，就更上档次了。"

① 陈念祖：《神农本草经读》，中国医药科技出版社，2018，第22页。

啊是四炸四卷？四炸：炸龙须粉（灯笼形或菊花形）、炸馓子（蝴蝶形或盘香、盘丝形）、炸油条（算盘子结或凤尾形）、炸细面条（扇面形或半收形）；四卷：烧饼卷、豆腐卷、金丝卷、银丝卷。

慈禧喜欢"菊花火锅"。她用来涮火锅的菊花，是一种名叫"雪球"的菊花。德龄《御香缥缈录》中有这样的记载，慈禧太后挚爱的菊花火锅，使用的是一种名叫"雪球"的菊花，这种菊花花瓣短密，清香洁净，宜于煮食。书中还提到，御膳房将准备好的鸡汤或者肉汤，盛放在银寿字火锅里，再将削去皮骨切得很整齐的生鱼片、生鸡片等摆放在几个银盘里，随后再将菊花瓣放到两个银盘里，佐以盛着酱、醋等调料的味碟。据《故宫宴》一书记载，清代宫廷后妃食鲜花，也将花粉一起食用，是一种传统的饮食习惯，认为能起到养生的作用。[1] 据说，慈禧太后还喜欢吃"炸菊花"，沈阳的一家清文化主题的饭店就复原过这道菜。鲜嫩的菊花，经过油炸，口感变的爽脆，而外观、形状、颜色没有明显变化，还是一束鲜花的样子，只是花朵部分可以食用。这道时令菜好吃，要说有多么美味也不会，但是装饰餐台、愉悦心情的作用是显而易见和无可替代的。制作难度比较大，需要厨师

---

[1] 苑洪琪、顾玉亮：《故宫宴》，苏徽楼绘，化学工业出版社，2021，第212页。

对油温和时间的精准把控。当然，现在的难度就小多了，用电控制油温可以非常精准。

民间也爱菊花火锅。"京师冬日，酒家沽酒，案辄有一小釜，沃汤其中，炽火于下，盘置鸡鱼羊豕之肉片，俾客自投之，俟熟而食。有杂以菊花瓣者，曰菊花火锅，宜于小酌，以各物皆生切而为丝为片，故曰生火锅。"[1] 这是徐珂在《清稗类钞》中记载吃菊花火锅时的场景，真是生动。和我们现在吃火锅，没有什么不同，应季食材，一应俱全，小小一锅，大大满足。

到了现代，海外的华人也爱菊花火锅。看杨步伟的《中国食谱》第十六章《火锅》里，提及的第一个火锅就是"菊花锅"，要准备的第一原料就是"白菊花一大朵"。杨步伟增加了鲜虾、鸡鸭猪肝、猪腰、不带壳的生牡蛎肉等。食材围绕着火锅摆放，一俟汤沸腾，所有人必须立即下筷，将切成细丝和薄片的肉片蔬菜等投进火锅内，但不包括菊花。当汤再次沸腾时，各自动手从大锅中取出食物，放进自己的碟或碗里。然后，再放进菊花瓣，用以增添汤的清香[2]。

当然，以菊花入食，可不是就涮火锅这一种"火爆"的方法。

---

① 转引自苑洪琪、顾玉亮：《故宫宴》，苏微楼绘，化学工业出版社，2021，第212页。

② 杨步伟：《中国食谱》，柳建树、秦甦译，九州出版社，2016，第226页。

爱新觉罗·浩在《食在宫廷》一书中，在"汤菜谱"列第一例的，就是"菊花鸡汤"：

鸡肉70克，盐适量，浓鸡汤200克，白菊花5朵。将嫩鸡肉切成丝。把鸡汤（要浓鸡汤，用一只鸡煮成的汤才是真正的浓鸡汤，在宫廷就是用这种方法熬鸡汤的）烧开，放入鸡丝，加入精盐和其他调料，最后撒入菊花瓣，立刻将汤端上餐桌。[1]

这个菊花汤要立即食用，如果不马上喝，菊花里的苦味就会呈现到汤里。

菊花的吃法，常见的还有菊花茶、菊花粥、菊花羹、菊花糕、菊花酒等等。孔繁银在《衍圣公府见闻》一书中记载："九月九日这一天，各府的本家、政府机关、地方士绅都来送礼贺重阳。有的送菊花糕，有的送菊花，有的送水果，有的送佳肴，有的送美酒，有的送时令菜等。"[2]

"百花发时我不发，我若发时都吓杀。要与西风战一场，遍身穿就黄金甲"，朱元璋的《咏菊》满满的"舍我其谁"的自信。菊花也担得起这份自信。焖、蒸、煮、炒、烧、拌、炸，美好的菊花就这样万种变身，在中国人秋季的餐桌上独占时令之美。

---

① ［日］爱新觉罗·浩：《食在宫廷》，马迟伯昌校，王仁兴译，生活·读书·新知三联书店，2020，第180页。
② 孔繁银：《衍圣公府见闻》，齐鲁书社，1992，第333页。

冬天的厨房，寻常里的不寻常

入冬后，时令菜较少，大多是大白菜、萝卜、地瓜、冬瓜等，孔府和普通百姓家的窖藏似乎没有什么不同。彭文瑜先生介绍了一道冬季的造形菜——毛竹南荠。所谓南荠，就是荸荠，也称马蹄。主料是南荠，和鸡、鱼、虾料子制作成毛竹形，称为毛竹南荠。食物原料先切后剁成细茸状，再加调料，称之为料子。目前的孔府造形菜，大多是彭文瑜先生在二十世纪八九十年代整理出来的。

"合家平安"是孔府春节的传统菜品之一。"合家平安"是以特制的全盒盛装，美食美器，相得益彰。菜中八种主料，红、绿、黄、白、黑各色相间，一菜多味。多用于除夕家宴，以示新的一年合家平安。因此，"合家平安"又有"安乐菜"之称，如平日里单独用于家宴，则称之为"八宝罗汉斋"。

"合家平安"主料有花生米、青豆、鹿角菜、五香豆腐干、杏仁、胡萝卜、核桃仁、黄豆等等。花生米要去掉红衣，杏仁去掉软皮，胡萝卜用盐腌，核桃仁去掉外皮，香干切成见方的丁。青豆和黄豆要水发、煮熟，连同以上处理好的各种原料，加入姜末、食盐、花椒、醋、香油拌匀，装入全盒的中心隔盒中即成。

全盒，是孔府的一种特制餐具，其外壳是漆制圆型，颜色外黑里红，绘有金黄色龙凤或花鸟图案，内有一个圆形中心隔盒及十个边隔盒，质地有铜、锡、瓷等多种。边隔盒对起来构成车辋形，分别装入酥或薰制的鸡、鱼、肉、蛋、藕、海带以及肉松、蛋松等菜肴，中心隔盒放入"合家平安"菜，盖好上席。

袁枚在《随园食单》里，论及"时节须知"中写道："有先时而见好者，三月食鲥鱼是也。有后时而见好者，四月食芋艿是也。其他亦可类推。有过时而不可吃者，萝卜过时则心空，山笋过时则味苦，刀鲚（按：俗称凤尾鱼）过时则骨硬。所谓四时之序，成功者退，精华已竭，褰裳去之也。"[1] 万物生长，四时有序，最好的时节已过，精华散尽，光彩不再，索性提起衣裳翩然而去。

作为中国典型的官府菜，孔府菜体现了中国人的饮食智慧，体现了中国人顺应自然的生活理念。"不时，不食""应节律而食"，《吕氏春秋·尽数篇》中的"食能以时，身必无灾"，说的都是一个意思。从古至今，中国人的餐桌，就这样在四季缤纷中，各显其美。时间不再成为距离，我们和古人，在同一文化根脉，在同一习俗里，享受着大自然的恩赐。

附：黄鹂迎春菜谱及制法

锅煽菠菜菜谱及制法

碧桃鸡丁菜谱及制法

菊花火锅菜谱及制法

---

[1] 〔清〕袁枚：《随园食单》，中华书局，2020，第21页。

黄鹂迎春

原料

韭黄 75 克

猪五花肉 200 克

精白面粉 150 克

猪皮冻 100 克

鸡蛋清 1 个

淀粉 25 克

酱油 15 克

料酒 20 克

精盐 2 克

明矾 0.5 克

植物油 750 克

黄鹂迎春

制法

❶ 将猪肉片成薄片，切成 4 厘米长的丝，韭黄切段；把蛋清、淀粉 20 克调成糊；猪皮冻切成小丁备用。

❷ 炒勺内加入植物油，至六成热时，将肉丝投入煸炒至肉丝发白时，加酱油、料酒、湿淀粉勾芡出勺，凉后将韭黄段和皮冻丁拌匀。

❸ 将精白面粉加入清水、明矾、精盐适量和成面团，多次掇和后放入保温处醒约 10 分钟，再掇直到面块有劲时为止；取特制的厚铁板一块，置微火上，用手拿面团一转提起，随之将皮揭下；制好的面皮用湿布盖上备用。

❹ 取面皮一张，将调好的馅放匀卷成直径 2.5 厘米的卷，封口用糊粘好；下入七成热的油锅内炒至金黄色捞出沥油，改成 5 厘米长的段，装盘即成。①

---

① 中国孔府菜研究会编《中国孔府菜谱》，中国财政经济出版社，1986，第109页。

锅㷱菠菜

原料

嫩菠菜 100 克

鸡里脊 100 克

鸡蛋清一个半

肥肉膘 25 克

湿淀粉 15 克

精盐 1.5 克

料酒 25 克

猪大油 50 克

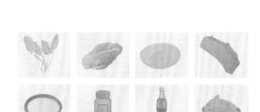

制作方法

❶ 将鸡里脊剔去筋同肥肉膘剁成细泥，盛入碗内加精盐、鸡蛋清（1个）凉汤（2克）搅成鸡料子。取一碗，将蛋清和湿淀粉放入和成糊备用。

❷ 嫩菠菜洗净，控净水分，根部用刀修整一下，然后切1厘米深的十字花，手提菜根在蛋清糊里一拉，置于盘中。将鸡料子抹在菠菜叶上，再把叶子对半折过来粘成整棵形状。

❸ 炒勺内加入猪大油，至五成热时，将抹好鸡料子的菠菜入油两面煎煽，烹料酒收汁，摆入盘内即成。①

---

① 中国孔府菜研究会编《中国孔府菜谱》，中国财政经济出版社，1986，第147页。

碧桃鸡丁

原料

鸡脯肉 200 克

鲜核桃仁（去内衣）25 克

净鲜莲子（去外衣）25 克

鲜青豆 10 余粒

葱、姜、蒜片各 1 克

精盐 1.5 克

料酒 25 克

鸡蛋清 1 个

干淀粉 10 克

高汤 75 克

猪大油 250 克（约耗 50 克）

碧桃鸡丁

制法

❶ 将鸡脯肉两面轻轻打成直刀，然后改成 1.3 厘米见方的丁盛入碗内，加蛋清、淀粉搅匀。

❷ 汤勺内加入清水烧开，将青豆放入一氽，捞出去掉外皮，冷水过凉备用。

❸ 炒勺内加入猪大油，待四成热时，放入鸡丁划开，倒出沥油。

❹ 勺内放油（30 克），至六成热时，放入葱、姜、蒜一炸，倒入鲜核桃仁、鲜莲子、鸡丁、青豆、高汤、料酒、精盐，颠翻出勺即成。①

---

① 中国孔府菜研究会编《中国孔府菜谱》，中国财政经济出版社，1986，第55页。

菊花火锅

原料

白菊花 50 克

油炸龙须粉 50 克

馓子 50 克

猪里脊 300 克

鸡脯肉 300 克

净虾仁 300 克

猪腰子 300 克

酱油 40 克　醋 40 克

精盐 5 克　料酒 40 克

香菜 50 克

青蒜苗 50 克

胡椒面 20 克

三套汤 1,500 克

菊花火锅

制法

❶ 先去掉白菊花瓣的根部，用清水洗净，分装两盘；徽子去掉两端顶头，分装两盘；净虾仁洗净沾净水分分装两盘；猪腰子片去腰臊，片成0.2厘米厚的大片，每片再改为4块分装两盘；青蒜苗洗净切段分装两盘；香菜择洗干净切成末分装两盘；酱油、醋、胡椒面也分装两盘均备用。

猪里脊、鸡脯肉片成0.1厘米厚的杏叶片，每样分装两盘；猪腰子片去腰臊，片成0.2厘米厚的大片，每片再改为4块分装两盘；青蒜苗洗净切段分装两盘；香菜择洗干净切成末分装两盘；酱油、醋、胡椒面也分装两盘均备用。

❷ 火锅内倒入三套汤、精盐、料酒，待汤见开后，将以上备好的主、配、调料对称摆在火锅四周，个人按所好，自行选用涮食。①

---

① 中国孔府菜研究会编《中国孔府菜谱》，中国财政经济出版社，1986，第154页。

鲤鱼在孔府有特权

在孔府，有一个特别的讲究，不能吃鲤鱼，不能提鲤鱼，不能用鲤鱼祭祖。孔府的人称鲤鱼为"红鱼"，想吃鱼了，可以选择桂鱼、鲫鱼、鲢鱼、鱿鱼，就是不能选择鲤鱼，祭祖需要用鱼时，多用鲫花鱼。

孔府讲礼忌鲤，原因简单而明确，就是为了避"圣二代"孔鲤的名讳。《史记·孔子世家》记载："孔子生鲤，字伯鱼。伯鱼年五十，先孔子死。伯鱼生伋，字子思。"孔子的儿子，叫孔鲤，孔子的孙子叫孔伋。孔鲤，应该是最早葬进孔林的人。孔鲤只活了五十岁，先于孔子去世，孔子白发人送黑发人。孔子是多大的时候才有的儿子呢？《孔子家语·本姓解》中写："（孔子）至十九，娶于宋之亓官氏，生伯鱼。鱼之生也，鲁昭公以鲤鱼赐孔子。荣君之贶，故因以名曰鲤，而字伯鱼。"[1]孔子十九岁，娶宋

① 高尚举、张滨郑、张燕校注《孔子家语校注》，中华书局，2021，第323页。

人亓官氏之女为妻。大约一年后，亓官氏为孔子生下一子。鲁昭公派人送来一条大鲤鱼，表示祝贺。鲤鱼有"诸鱼之长""鲤鱼为王"等美称。孔子以国君亲自赐物为莫大的荣幸，因此给自己的儿子取名为鲤，字伯鱼。显然，名和字都和这条送来的鱼有关。伯，是伯仲叔季的伯，就是家里的老大。

这条大鲤鱼，是鲁昭公派人送来的？钱穆在《孔子传》里判断："古者国君诸侯赐及其下，事有多端。或逢鲁君以捕鱼为娱，孔子以一士参预其役，例可得赐，而适逢孔鲤之生。不必谓孔子在二十岁前已出仕，故能获国君之赐。以情事推之，孔子始仕尚在后。"钱穆的意见，此时的孔子并没有出仕，只是在例行赏赐里得了一条鲤鱼罢了。

《史记·孔子世家》里写："孔子贫且贱，及长，尝为季氏史，料量平。"年轻时"贫且贱"的孔子，二十来岁得了儿子时，不过就是季孙氏家里的仓库管理员，就能得到鲁昭公的赏赐？这事儿，听起来有点不太靠谱。青年历史学家李硕在《孔子大历史：初民、贵族与寡头们的早期华夏》里，这样表述：

这也有点抬高孔子。连不知名的阳虎都公然说孔子不够"士"的资格，国君怎么能知道他呢？

也有人说，是鲁昭公送给季氏家的鲤鱼，季氏又转送了孔子。

这倒有点可能。因为这时孔子在季氏家里打工，当小职员，老板家送份礼物，也在情理之中。大管家派人把礼物提来，顺口再说一句，"别看就条鲤鱼，可是咱老爷昨天陪国君钓的！"①

这段充满画面感的想象推测，来自李硕的《孔子大历史：初民、贵族与寡头们的早期华夏》，看起来还是有些合理，也蛮有趣的。对于那些历史的"盲点"，最合逻辑的讲述，总是最有说服力。

这条鲤鱼是怎么来的，也并不重要，重要的是，鲤鱼肯定是当时的美味，又是国君的馈赠，尤显珍贵。更重要的是，"万世师表"孔子，给儿子取名孔鲤，并从此改变了鲤鱼在孔府的命运。

孔子为儿子取名孔鲤，除了孔子感念鲁王赐鲤鱼之恩，不知是否有望子成龙、鲤鱼跳龙门之意。《清异录》里，陶谷写"鱼门"一章，写到"王字鲤"："鲤鱼多是龙化。额上有真书王字者，名'王字鲤'，此尤通神。"②不知道鲁王赐的鲤鱼额头上是不是有一个正楷写的"王"字，反正，孔鲤一出生，就自带"锦鲤"体

---

① 李硕：《孔子大历史：初民、贵族与寡头们的早期华夏》，上海人民出版社，2023，第39页。

② 〔宋〕陶谷撰，李益民、王明德、王子辉注释《清异录（饮食部分）》，中国商业出版社，1985，第46页。

质，但孔鲤的一生的确没有什么大的作为。他在《论语》里最有名的一次出场，是在《论语·季氏篇》第十三章，孔子的学生陈子禽，孔子的七十二著名弟子之一，他很想探究孔子是否偏心自己的儿子，便和孔鲤打听是否在孔子那里听到些特别的教训，于是，全世界都知道了孔子教育的重点和为人，学《诗》，习礼，而且孔子对自己儿子没有私厚。这就是"诗礼庭训"。在父亲面前，孔鲤是一个战战兢兢的孩子，一见到父亲就想跑，却又总是被父亲叫住，询问功课，是否学了《周南》和《召南》。《周南》和《召南》，是《诗经》里孔子最看重的两部分。

在孔子周游列国的时候，孔鲤一直在阙里家中操持家务，让父亲游说列国无后顾之忧。孔鲤和母亲之间的感情很深厚，以至于亓官氏死后一年，孔鲤还非常伤心，"期而尤哭"，过了一年，还忍不住哭泣。孔子得知是儿子在哭，就批评他过分了，吓得孔鲤赶紧把孝服脱了，也不敢哭了。孔子要求别人的儿子为母守丧三年，不知道为什么刚过了一年，就不让自己的儿子哭去世的母亲了。

在学术上，孔鲤不但远远不及其圣人父亲，不如圣人父亲的弟子们，即便与自己的儿子——儒家思想另一代表人物孔伋，也无法相比。不过贵为"圣二代"的孔鲤颇有自知之明，他曾对孔子说："你子不如我子。"又对儿子说："你父不如我父。"孔鲤在在赞美老爸的同时，也鼓励了儿子。如此评价，既客观幽默又不失谦逊，可见孔鲤的乐天和智慧。其实，孔鲤也不是没有机会。他成年之后，鲁哀公曾给他下过聘书，他以身体有疾给拒绝了。也许，是他生性淡泊，也许是看到自己父亲的仕途蹉跎、颠沛流离，让他早早就对当官失了兴趣。

在春秋时代，吃鲤鱼是一件有点小奢侈的事儿。《诗经·陈风·衡门》里，有这样的诗句：

岂其食鱼，必河之鲤？

岂其取妻，必宋之子？

这里写了一个身居陋室的人，正望着汤汤泌河之水，在发感慨：难道吃鱼一定要吃黄河里的鲤鱼吗？娶妻一定要娶宋国的子姓美女（殷商后人）吗？言外之意，罢了，罢了。"饥不择食，寒不择衣，慌不择路，贫不择妻"，人生困境，也别讲究了。降格以求，不贪图过高，生活也就能过得去。反问的语气，侧面映衬了鲤鱼的美食地位。在《诗经》里，还有一道和鲤鱼相关的菜，《诗经·小雅·六月》里，就已经有"炮鳖脍鲤"的描述，其中的"脍鲤"就是鲤鱼做成的鱼生，在公元前823年，周宣王北征归来的盛大宴会上被端上餐桌。

总之，在孔子生活的春秋时代，黄河里的鲤鱼，还是很珍贵的。要不，当时的人也不会把鲤鱼当成礼物。

既然孔家的"二世祖"叫孔鲤，讲礼的孔府自然要避他的名讳。历代的孔氏子孙，见了鲤鱼也不敢直呼"鲤鱼"了，改称为"红鱼"。

名讳的历史非常悠久，《礼记》里就有"入国问俗，入门问讳"的记载，这也是中国历史文化特有的一种礼俗。为帝王讳，为尊者讳，为贤者讳，为亲者讳。光武帝刘秀的名字里有一个"秀"字，所以"秀才"就变成了"茂才"；刘邦的老婆叫做吕雉，所以当时的人们也不敢把野鸡称为"雉"。古代夜壶叫"虎子"，为了避开国皇帝李渊的祖父李虎的名讳，唐代的夜壶改名叫"马子"。司马迁的父亲叫司马谈，所以在长长的《史记》中找不到一个"谈"字，有一个人名叫"赵谈"，"不虚美，不隐恶"，坚持"实录"的司马迁把"赵谈"改成了"赵通"。"只许州官放火，不许百姓点灯"，其实，州官并没放火，只是为了避太守田登的名讳，故意把"放灯"写成"放火"。邱姓，也和避讳有关，而且还和孔夫子有关。据说，邱姓先人本姓丘，但是孔夫子名丘，为避讳便在丘的右边加了一个耳朵。唐代人在抄写贾思勰的《齐民要术》时，为避太宗李世民的名讳，把《齐民要术》改成《齐人要术》，这一改，让人想入非非，还以为和"齐人之福"

有关。看过《红楼梦》的人都知道，第二回，林黛玉读到"敏"字，都念作密，遇着写"敏"字，都减一二笔，只因林黛玉的母亲叫贾敏，林黛玉就是用改变发音和去笔画之法来遵循避讳之礼。

在中国历史上，还有一个朝代鲤鱼是有特权的，就是唐朝。因为唐朝皇帝姓"李"，与"鲤"谐音。唐朝甚至还有法律规定：如果捕鱼的时候捉到鲤鱼，就应该马上放生，不可以吃。如果有人卖鲤鱼，就会受到六十杖的刑罚。鲤鱼被尊称为"赤鯶公"。

曲阜孔林内，孔子、孔鲤、孔伋三代人的墓，排布得很有深意。古人墓穴在生时便已选好，但因孔鲤去世突然，未来得及准备，孔子便将儿子葬于自己准备的墓穴的东部，即左侧，这叫"携子"，孔鲤墓前有石碑两通。前碑明代立，正书"泗水侯墓"。后碑小，公元1244年孔子五十一代孙孔元措立，篆书"二世祖墓"，碑前有供案、拜台。在孔子墓的西南边是孔子的孙子孔伋的墓，这叫"抱孙"。孔伋就是《论语》中的子思，也是孟子的老师，《中庸》的作者，后被追封为沂国述圣公。孔子墓整体的格局叫作"携子抱孙"。"泗水侯"是宋徽宗封的，"二世祖"是孔氏子孙对孔鲤的尊称，这都是圣人之子的殊荣和偏得。孔鲤去世的时候，孔子严格遵循丧葬礼仪，只给了他平民的待遇，"有棺无椁"。

社会上有一些经营孔府菜的饭店，菜谱上会有"怀抱鲤"或

"携子抱孙"这道菜，一般是两条鲤鱼，一大一小。对此，国家级非物质文化遗产孔府菜技艺传承人彭文瑜先生颇有些无奈，他说，多数学者、专家、教授及自觉有文化的人，在写关于衍圣公府餐饮文化有关的文章内，全都有"携子抱孙"或"怀抱鲤"这道菜品，并且还要排列到前面，并重点介绍此菜，拿孔子墓携子抱孙做文章。这些人不大了解，孔氏家族"讲礼忌鲤"的事情。

关于"怀抱鲤"这道菜，彭文瑜先生还讲了一个小故事。这个故事发生在 20 世纪 80 年代初，曲阜县的领导去济南的省商业厅办事情时，中午去了一家有名的经营孔府菜的饭店用餐，当时就上来了"怀抱鲤"这道菜，当时商业局长就说了："咱可不敢用（吃）大孔子和小孔子，那不就成了咱大不敬了吗？"

孔府避孔鲤的名讳，鲤鱼在孔府获得特权是"礼"所必然、"礼"所应当的。礼，讲的就是秩序，讲的是建立在秩序之上的规矩，"讲礼忌鲤"，是孔府菜里的一个大讲究，不难理解，也不应逾越。"入其俗，从其令"，是约束，是对孔府文化的尊重，也是饮食文化里的讲究和趣味。

孔校长：
一箪食，一瓢饮，一君子

　　孔子首创私学，大概是中国历史上学生最多的私塾老师了。弟子三千，七十二贤人，教授礼、乐、射、御、书、数，相当于现在的德智体美劳全面发展。还有几个有名有姓的贵族子弟，也受教于孔子，但碍于面子和师生之间的默契，并没有出现在孔门弟子的名单里。"自行束脩以上，吾未尝无诲焉"（《论语·述而篇》)，有教无类，机会均等。这么多人，如何进行日常的教学管理，是自己带饭盒，还是统一用餐？没有看到相关的记载，无论是什么方式，食品卫生与安全都是最重要的。对一个用心的老师而言，除了教学内容，他最关心的，当然是弟子们的身体健康。现如今学校的饮食管理，也是一项大工程，如果吃得不干净、不卫生，轻则影响正常的教学秩序，重则影响学生的身心健康。每一次食品卫生事件，都能上热搜。作为私塾的第一责任人，关于食品卫生安全，关于健康饮食，关于饮食与人生，关于粮食与国家治理，孔子都有自己的论述。

孔校长的碎碎念：饮食卫生安全是第一位的

"病从口入"，古人对此早有明确的认识。在《论语·乡党篇》里，有一部分内容就是专门说食品安全的。孔子提出了多条关于饮食卫生的要求，这是距今两千多年前提出的饮食卫生标准，现在看也不过时，见于《论语·乡党篇》第八章：

食饐而餲，鱼馁而肉败，不食。

色恶，不食。臭恶，不食。

失饪，不食。

沽酒市脯，不食。

祭于公，不宿肉。祭肉不出三日，出三日，不食之矣。

这些内容并不高深，很容易理解。所谓"食饐而餲，鱼馁而肉败，不食"，是说粮食霉烂陈腐，鱼肉等腐烂变质，是不能吃的。"色恶，不食。臭恶，不食"，是说食物因霉烂而变了颜色的不能吃，食物变了味的也不能吃。就连一向被时人看重的"赐胙"，如果放的时间长了，孔子也认为不能吃。"祭于公，不宿肉。祭肉不出三日。出三日，不食之矣。"先秦时，国君祭天或祭祀先祖的肉，要留下来分赐给文武大臣，叫作"赐胙"。谁能得到胙肉，便意味着受到国君的重视和信任。但"赐胙"再珍贵，超过三天也不可食用了。孔子认为，祭肉应该当天宰杀供祭，然后立即分赐，不宜过宿。如果祭肉放置时间超过三天，肉质就会发生品质方面的变化，是不能吃的。在孔子心里，还是人更重要，以人为本，不要因为对死人的尊重，而影响了活人的健康。

在春秋时期，人们迫于食物的不足，即使因存放时间过长而变质的食物，也往往舍不得丢弃。因此，孔子有关饮食卫生标准的提出，在当时有着非常重要的指导意义。

孔子还主张"沽酒市脯，不食"，"沽"与"酤"通，只做了一宿的酒，就叫酤，彼时的酒，是熟米发酵的米酒，只经过一夜，各种微生物还在生发或激烈地较量，淀粉还没有充分转化为糖分，糖分也没有完全转化为酒精，还没有成酒，味道一定不美。脯，是干肉，从市肆小摊点上买，哪里知道是什么肉，也不知放置了多久，所以还是不吃为好。这一条，像极了一个天天碎碎念的老校长，嘱咐学生不要吃路边摊。

别吃太撑，喝太多，饮食结构要合理

肉虽多，不使胜食气。

不多食。

惟酒无量，不及乱。

——《论语·乡党篇》

食饮有节，起居有常。这是中国古代人民在长期的生活实践中悟出的养生之道。但能够真正做到的，并没有多少人。看看越来越多体重超标的人，就知道这是一件看起来容易做起来难的事情。对于这个问题，孔子是非常重视的，他提醒人们在饮食上不能暴饮暴食，应有节制和有规律。

孔子提出"肉虽多，不使胜食气""不多食"，是说餐桌上的饭食再好再丰盛，也不能因为贪纵口欲而不吃主食，不能只吃大鱼大肉，更不能暴饮暴食。钱锺书在《吃饭》一文中说："吃饭有时很像结婚，名义上最主要的东西，其实往往是附属品。吃讲究的饭事实上只是吃菜，正如讨好阔佬的小姐，宗旨倒并不在女人。"一顿讲究的饭，吃的是菜，而不是饭。《黄帝内经·素问》中有"五谷为养，五畜为益，五菜为充，五果为助"的饮食结构理论，五谷最养人，吃肉是锦上添花，蔬菜是补充，水果则是一种辅助。这和孔子的饮食观点不谋而合，而且这一观点已被现代科学证明是合理的。如果人们每天不吃谷物，而大量地享用山珍海味，或只吃水果、蔬菜，就会营养失衡，导致各种代谢方面的病症。有一种流行的减肥法，控糖升酮法，少吃粮食，少吃碳水，多吃蛋白质。减肥效果不错，但对身体是有伤害的，也印证了孔子的"肉虽多，不使胜食气"的合理性。在孔子那个时代，没有实验数据的支持，没有对身体微观世界的精准认识，有的只是敏锐的直觉和对身体感受的整体把握，孔子能提出这种观点就使我们不得不折服古圣先贤们超常的感悟能力。孔子还强调"不多食"，就是吃饭要吃七八分饱，全世界的长寿老人，各有各的高招，但被提及最多的一条，是"不多食"。中国民间的食谚吃经也非常形象地表达了类似的观点："少吃少喝多得味，多吃多喝活遭罪""少吃少喝减一口，临了活个九十九"。中国古代，有一小撮吃得特好特足的短命鬼，就是中国的皇帝，而皇帝们的平均寿命只有四十几岁。"那时的基本国策虽说是重农轻商，但富埒王侯的巨商世代皆有，商人贸易，山珍海味，稀世佳肴，都易于到手；将相王侯中，有些擅权专政的，也常常僭越定制，宴饮豪华，超过帝室。所以，这个'第一'不好说绝。但是，一般说来，还是皇帝最富——'普天之下，莫非王土；率土之滨，莫非王臣'嘛（《诗经·小雅·北山》），不仅土地是他的，国土上的一切人也是他的。咱们避掉一个'最'字，换上一个'特'字，既真实，又稳妥，那是一丁点儿毛病也没有的。皇上吃得特好，谁也比不了。"[1]人生七十古来稀，在孔子的时代，孔子能够活到七十三岁，是罕见的，而且，一直到生命的最后，还能唱："泰山其颓乎！梁木其坏乎！哲人其萎乎！"长寿且保持思维清晰，这与孔子良好的饮食习惯有很大的关系。

但"惟酒无量，不及乱"，喝酒，没有什么太具体的要求，喝不喝，喝多少，都要量力而行，就是别喝醉了，别酒后失态就好，"乱"，就是失礼，这是孔子不能容忍的。或许，孔子从没受过喝醉的困扰，他的酒量是大的，有时或许也贪杯，但只要"不及乱"，就可以给自己一点小小的自由。

要滋味，要知味

在孔子生活的春秋时期，普通庶民阶层其生活水平是相当低下的。除了粮食不足外，还有加工的困难。许多平民常常吃没有去净外壳的米，偶尔有肉食，也不会切得均匀、细致。因为那个时候还没有体薄刃锋的铁刀。孔子的生活当然会好一些，但物质普遍缺乏，好，也是有限的。孔子说："人莫不饮食也，鲜能知味也。"我们可以从《论语》中找出孔子关于饮食的论述：

---

[1] 陆拾童、夏炎、鹰翔：《无底巨洞——吃》，辽宁人民出版社，1994，第117页。

食不厌精，脍不厌细

失饪，不食。不时，不食。

割不正，不食。

不得其酱，不食。

不撤姜食。

食不语，寝不言。

——《论语·乡党篇》

　　当下的人们说起精致餐饮，最常见、最常用的就是"食不厌精，脍不厌细"。钱穆先生在《论语新解》里，是这样解读的：吃饭时不因米的精便多吃了，食肉时不因脍的细就多食了，就是再好的东西也不过分吃。这和孔子说的"不多食"，是契合的。

　　著有《〈衍圣公府档案〉食事研究》一书的赵荣光先生则认为，孔子说的"食不厌精，脍不厌细"，是以祭祀为前提的，孔子表达的是祭祀时要求大家极尽恭谨的态度。

　　孔子主张的"精"，是鉴于一般人们常食粗粝的"脱粟"的事实，主张祭祀应选用好于粝米的米，并且是尽可能好于粝米的米，这就是"不厌"的本义，因为在当时的加工条件下，米的质量选择确实存在着不断优选的可能。关于"脍不厌细"的"细"，同样是不厌精细的意思。"肉腥细者为脍，粗者为轩"，肉指各类牲畜和鱼类之肉，脍是这些肉类原料切后生食的。肉类生食，本是远古遗风。在烹调加工技术还比较粗陋的先秦时代，肉类生食（鲜的或经其他各种非热熟法加工过的）仍是主要的习惯。这样，为使生鲜的肉料能免除腥邪之气味，就必须尽可能地切细些，以便浸透各种调料，味道才能更理想可口……因此，孔子的主张"脍不厌细"，就不仅含有肴品入味可口的意义，同时也含有加工的"认真"态度问题。……这说明，肉越切得细，则越能表示敬鬼神的真诚。由此，我们可以得出结论说，"食不厌精，脍不厌细"，就是本于祭祀，强调诚敬而发的。①

与时俱进，"食不厌精，脍不厌细"，现在已成了孔府菜在制作技艺上精益求精的工匠精神的最好写照。溥杰先生在《中国孔府菜谱》一书中题写"食不厌精，脍不厌细，割烹有术，民食为天"，道出了其中的精髓。这本书也是彭文瑜先生唯一认可的孔府菜谱。了解了孔子的原意，也要了解语言在当下的意义。语言是时代长河飞溅起的花朵，它折射着时代的变迁，是社会变革、思想变革的一种表征。

223

---

① 赵荣光：《〈衍圣公府档案〉食事研究》，山东画报出版社，2007，第59页。

失饪，饪，是指烹调时的生熟之节，失饪，煮的生熟失度，有过熟，有不熟，也不吃。"割不正，不食"，割肉的时候，不按正规的方法割不吃。孔子时代，还没有体薄刃锋的铁制刀具，所以把肉切得合乎礼的要求，也不是一件容易的事。儒学研究专家匡亚明、骆承烈对此的看法是，"这句话的意思也并非单指将肉切割成整齐的方块，而应是强调切割时要讲究刀功技法。"① 如"庖丁解牛"，按照一定的规律去分割，"切中肯綮""以无厚入有间，恢恢乎其于游刃必有余地矣"。

"不得其酱，不食"，食肉用酱，各有所宜，比如，鱼脍就用芥酱。没有相宜的酱，也不吃。儒学研究专家匡亚明、骆承烈认为：

"不得其酱，不食"，是说在烹调时要加上一定数量的酱醋（醯）等调料来调味，没有足够的调味品，做不出好味道的菜来，便不吃。两千年后，明代大药物学家李时珍的《本草纲目》中也有"不得其酱不食，亦兼取其杀饮食百药之毒也"的记载，更强调了酱能杀菌的功用。②

---

① 匡亚明、骆承烈：《关于孔子的饮食观和养生之道》，载中国孔府研究会编《中国孔府名菜精华》，中国财政经济出版社，1989，第2页。

② 匡亚明、骆承烈：《关于孔子的饮食观和养生之道》，载中国孔府研究会编《中国孔府名菜精华》，中国财政经济出版社，1989，第2页。

"不撤姜食"，食毕，其他的都撤下去了，就把姜留下来。姜可以暖胃，有辛味可以却倦，有事没事放嘴里一片，类似于现在饭后呷口茶、喝杯咖啡，提提神，抵挡一下困意。关于"不撤姜食"的原因，说法挺多。比如，孔府食事研究专家赵荣光先生一直认为孔子在《论语》里有关饮食的言论，都是以祭祀为大背景的，姜不在"地五荤"之内，是可以参加祭祀的。

"食不语，寝不言"，是要求大家在吃饭时不要说话笑闹，吃饭就一心一意吃饭，如果边说话边吃喝，不仅会影响消化功能，还可能将食物呛入气管，这不安全。睡觉就安安静静睡觉，别开"卧谈会"，精神一兴奋，就容易引起失眠，睡眠质量大打折扣。在孔子的阙里私塾，是不是集中食宿？没有看到相关的文献，但以当时的交通条件，估计宿在私塾，应该是有的。"食不语，寝不言"这样的要求，让我想到了现在的学生宿舍管理。这样的生活细节，孔校长也是要操心的。

寓礼于食，从餐桌抓起，做一个有修养的人

孔子生活在东周中期，这是一个动荡不安的时期，诸侯争霸，各自为政，礼崩乐坏。孔子决心以"克己复礼"为己任，力图恢复周礼，匡扶天下。他一生恪守周礼，到处宣扬推行周礼。"夫礼之初，始诸饮食"，礼最初的原始起源就是古人的饮食活

动。从大处着眼，从小处着手，而"礼"的内核反映在饮食生活中，就是有等级、有尊卑、有秩序、有规范的饮食原则。在《论语》里面，孔子的弟子记录的孔子有关"食礼"与"食德"的教诲俯拾皆是：

齐，必有明衣，布。齐，必变食，居必迁坐。

虽蔬食、菜羹、瓜，祭，必齐如也。

——《论语·乡党篇》

孔子要求，斋戒时，要有特备的浴衣，日常的饮食和居住处都要改变。即使是粗饭、蔬食、菜羹、瓜类，临食前也必祭，而且必须面貌严肃恭谨，有敬意。

席不正，不坐。

——《论语·乡党篇》

吃饭时席子偏移，不坐，临坐前，先正席。

觚不觚，觚哉？觚哉？

——《论语·雍也篇》

装酒的壶，也得像个装酒的样子，"觚不像个觚了，这也算是觚吗？这也算是觚吗？"即指宴席摆设的不合乎要求，甚至使用的酒杯不像酒杯的样子，不规则，都是不允许的。

乡人饮酒，杖者出，斯出矣。

——《论语·乡党篇》

乡人饮酒，待老人持杖离席了，年轻人再离席。

君赐食，必正席先尝之。君赐腥，必熟而荐之。君赐生，必畜之。侍食于君，君祭，先饭。

——《论语·乡党篇》

国君赏赐的食物，必先正了席位再品尝；国君赏赐的肉类，必煮熟后先荐奉于祖先；国君赏赐活的，必养着；侍奉国君同食，在国君祭时，便先自吃饭（为君尝食）。宴席要规格化、程序化，要按已有的礼仪规范进行。

有盛馔，必变色而作。

——《论语·乡党篇》

宴会上遇到主人给安排的盛馔，必须从席上变色起身，向主人表示敬意。

朋友之馈，虽车马，非祭肉，不拜。

——《论语·乡党篇》

朋友的馈赠，即使是车马，只要不是祭肉，都可以不拜。

有酒食，先生馔。

——《论语·为政篇》

有酒食，先生先吃。

揖让而升下，而饮，其争也君子。

——《论语·八佾篇》

君子比赛射箭，比赛前后，都要相互作揖行礼；比赛后举杯同饮。这样的比赛，以礼化争，才是君子之争呀。

丧事不敢不勉，不为酒困，何有于我哉！

——《论语·子罕篇》

有丧事不敢不勉尽我力，不为酒困，这些对我又有啥困难！

子食于有丧者之侧，未尝饱也。

——《论语·述而篇》

孔子在有丧者之侧用食，就从未饱过。因为举行殡丧葬礼时，应与丧者家属同悲哀，不应该在丧宴上大吃大喝，否则就不是君子所为。这就是现代人所说的同情心、同理心吧。

类似这样对人的行为的要求，还有很多。木心先生评述，"《论语》的文学性，极高妙，语言准确简练，形象生动丰富，记述客观全面。""整本《论语》，文学性极强，几乎是精炼的散文诗。"但他又明确地说："孔丘的言行体系，我几乎都反对——一言以蔽之：他想塑造人，却把人扭曲得不是人。"[1] 但不得不说，一个在餐桌上彬彬有礼、进退有度的人，总是会有很多的朋友，会得到更多的利益。

寓教于食，一个好老师的深入浅出

《论语》里有很多条言论，是孔子通过饮食传达自己的人生

---

[1] 木心：《文学回忆录》，广西师范大学出版社，2013，第193、195页。

追求和教育理念的。孔子告诫学生不要为食所累，"君子之人，饮食不追求饱足，居住不追求安适"。好的老师，一定是深入浅出，孔子把一些大道理，通过"一箪食，一瓢饮"说出来。打比方，用例证，是天下好老师爱用的方法。

君子食无求饱，居无求安。

——《论语·学而篇》

士志于道，而耻恶衣恶食者，未足与议也。

——《论语·里仁篇》

君子谋道，不谋食，耕也，馁在其中矣。

——《论语·卫灵公篇》

贤哉，回也，一箪食，一瓢饮，在陋巷，人不堪其忧，回也不改其乐。

——《论语·雍也篇》

饭疏食，没齿无怨言。

——《论语·宪问篇》

饱食终日，无所用心，难矣哉。

——《论语·阳货篇》

饭疏食、饮水，曲肱而枕之，乐亦在其中矣！不义而富且贵，于我如浮云。

发愤忘食，乐以忘忧，不知老之将至。

——《论语·述而篇》

孔子认为，作为一个坦荡荡、有理想、有抱负的君子，绝不能只为饮食活着，那样就失去了生命的意义。用现代的话说，"吃饭是为了活着，而活着不是为了吃饭"，于是孔子有"君子谋道，不谋食"的观点。

颜回，是孔子最喜欢的学生，他也是最不挑吃挑喝的人了。孔子评价他"闻一知十""好学，不迁怒，不贰过"。可惜颜回死得太早，得知他的死讯，孔子伤心地说："噫！天丧予！天丧予！"老天这是要我的命呀！颜回家境极为贫穷，生活异常艰难。尽管这样，颜回还是一心志于学习，非常用功，常常用一篮子粗食、一瓢冷水充饥。纪念颜回的"复圣庙"，现在位于曲阜陋巷街北首。进入曲阜颜庙，在中轴线左侧有一座不大的亭子，亭内有一口水井，井边立一石碑，上书"陋巷井"，立于明朝嘉靖三十年（1551年）。亭子呈六边形，形似攒尖顶，但尖部留空，与井口相对。这应该是当年颜回饮水的井。孔子曾发自内心地赞道："贤哉，回也，一箪食，一瓢饮，在陋巷，人不堪其忧，回也不改其乐。"可是，除了赞美，真应该给他分点儿干肉条吃，颜回的早逝，一定和营养不良有关。颜庙里，最特别的是一个亭子，旁边有一个石碑，上刻篆书两个大字"乐亭"，为苏轼手书。"乐"字，是根据孔子"人不堪其忧，回也不改其乐"而命名。对颜回吃得过简、死得过早，苏东坡相当纠结。《东坡志林》里有一文，苏东坡记录了他因颜回引发的百转千回的内心戏：

颜回箪食瓢饮，其为造物者费亦省矣，然且不免于夭折。使回更吃得两箪食半瓢饮，当更不活得二十九岁？然造物者辄支盗跖两日禄料，足为回七十年粮矣，但恐回不要耳。

颜回每天"一箪食，一瓢饮"地过活，如此帮老天爷节省，还是没能幸免于命短早夭。若是颜回每天多吃个两箪、多喝个半瓢，岂不是要连二十九也活不过了？老天动辄便叫盗跖盗得两日禄米，已然够颜回吃七十年了，但只怕颜回不稀罕[1]。

232

---

[1]　〔宋〕苏轼著，博文译注《东坡志林(精装典藏本)》，万卷出版公司，2016，第189页。

孔子赞赏"发愤忘食，乐而忘忧"的好学生，"饭疏食，饮水，曲肱而枕之，乐亦在其中矣。不义而富且贵，于我如浮云"，吃着粗米饭，喝着白水，曲着胳膊当枕头用，也是乐在其中啊。穷且乐，如果是不义而来的富贵，于我，这就是天边的云，连招一招手的愿望都没有。这是一种崇高的人生观。而对于那些不求上进，只知吃喝的平庸之辈，孔子很不屑，"饱食终日，无所用心，难矣哉""士志于道，而耻恶衣恶食者，未足与议也"，就是说有道德、有理想的人，如果今天嫌吃的不好，明天挑衣不美，在孔子看来，这样的学生就没有多大的培养价值，就没啥前途了。

大道至简，食物比军队更重要

孔子颠沛流离的一生，一直对从政很有兴趣。也正因为他和政治的紧密联系，他的命运际遇便绝无仅有地"圣化""异化""妖魔化"。正如王充闾先生在他的《永不消逝的身影》"孔子，在我心中"一文中所说，既然"孔夫子之在中国，是权势者们捧起来的"，于是，他的命运，便开始时而"鹰击长空"，时而"鱼翔浅底"；时而被棒杀，时而被扼杀；时而是圣人，时而是罪人；时而是"王者师"，时而是"刽子手"。①

---

① 王充闾：《永不消逝的身影》，人民文学出版社，2021，第15页。

孔子曾毫不谦虚地说："苟有用我者，期月而已可也，三年有成。"（《论语·子路篇》第十章），如果用我，一年见模样，三年能成功。他在鲁国任政，从中都宰到大司寇，对外，与齐国夹谷会盟，胜利讨回鲁国汶上三城；对内，反三桓隳三都，竭力削弱贵族的权势。鲁国一时路不拾遗，夜不闭户，齐国人说"孔子为政，必霸"。这是孔子最高的政治成就。《论语》里还记载他的政治理念，"子为政，焉用杀"，政治干得好，不用杀人。当然，孔子为政，一上位，便诛杀了少正卯。那么孔子有什么样的治国理念呢？

当官挣钱两不误的子贡，是孔子的好学生，有一天向"治理有方"的孔子请教治理政事的方法和秘诀。孔子说："足食，足兵，民信之矣。"子贡又问："在迫不得已的情况下，必去其一，又该如何做？"孔子毫不犹豫地回答说："去兵。"就是说，饮食与军队都是保障人民安定的根本要素，两者相比，粮食比兵更为重要。民以食为天，如果连饭都吃不上了，即使有强大的武装也没有用。子贡继续问："再去一个，哪个当先去呢？""把食物去掉吧。自古人皆有死，无信，再也无法聚拢人心。如果失去了信，有了食，也会变成没有食。"在国家的治理中，粮食比军队更重要，老百姓对国家的信任，取信于民，比食物、比生命都重要。（见于《论语·颜渊篇》第七章）"去兵、去食"不代表"无兵、无食"，只是阐述了孔子对治国理政几大要素重要性的排序，是政治理念。

如果没有了信任，就很容易陷入古罗马历史学家塔西陀提出的"塔西陀陷阱"。塔西佗陷阱，是指当政府部门失去公信力时，无论说真话还是假话，做好事还是坏事，都会被认为是说假话、做坏事。

孔子应该不会烹饪，要不，他能把治理国家的事说得像老子一样入耳入心。"治大国，若烹小鲜"，治大国，就像烹饪小鱼，既要控制好火候，还不能总翻腾。折腾勤了，鱼就零碎了。这话是老子说的，说的是超一流厨师伊尹的经验。伊尹这个人不仅是个好厨子，还是个贤臣。孔子曾多次向老子请教，有案可查的就有过四次，不知他俩面对面的时候，老子说没说到这一条。

"孔子孔子，大哉孔子！"这是宋代书画名家米芾对孔子的赞美。作为万世师表，"大哉孔子"却喜欢从小处着手，循循善诱，从"一箪食，一瓢饮"鲜活生动地表达自己的教育理念、政治理念，他彼时的弟子和此时的我们，都很容易就穿越语言的局限和时光的屏障，理解他深远的意图。

生活不止眼前的箪食瓢饮，还有远方的苟且，庙堂之上的"食不厌精"，周游列国的尘土飞扬和任重道远的人生理想……

赴一场"讲究"的
孔府菜传承宴

2023 年 4 月 27 日，"'孔府菜'传承宴席摆台暨祝贺参与 1982 年始抢救、挖掘、整理、继承、发扬四十周年 阙里孔膳三十五周年"的纪念宴会，在阙里宾舍阙里厅举行。

参会的人员，都是在 1982 年参与孔府菜"抢救、挖掘、整理、继承、发扬"的相关人员，最高龄的已是九十岁。他们有曲阜饮食服务公司的老领导、老职工，有阙里孔膳的名厨们。彭文瑜先生，既是这次大会的召集者、组织者，也是孔府菜传承宴席菜品和摆台的讲解者。从孔府菜的形态到做法，从做法到文化，彭文瑜先生详细讲解，笔者作为受邀者，能亲身领略孔府宴的各种"讲究"，是机缘巧合，也是一种幸运。

为传承孔府菜的烹饪技艺，孜孜不倦的彭文瑜先生，提前一周，给阙里宾舍的三个徒弟下达了宴客的准备任务。这三个徒弟分别是阙里宾舍的行政总厨孔浩、厨师长鲍玉东、宴席主管大徒弟葛平。

事由不同，席面就不同。席面由主厨定。

当天的席面，是彭文瑜先生和他的徒弟们一起商定的。彭文瑜先生解释说，乱上菜，就容易犯了别人的忌讳。主厨要了解这次宴席的事由，也要了解这次宴席来的客人的年龄、背景、口味、偏好。除了要了解这些基础情况，主厨还要遵循孔子"不时，不食"的饮食理念，了解哪些食物原料是当季最好的，再定席面，再去准备原料。

"原料不行，手艺再高也不行""巧妇难为无米之炊"，这是彭文瑜挂在嘴边上的话。哪个节气什么菜是最好的，厨师都要心中有数。哪个地方产的什么原料最好，也是厨师的必修课，否则菜品在口感上、味道上就会差成色。

有了好的原料，还要讲究刀工，做菜的技法。特别是造型菜，逼真，是孔府菜追求的境界。

宴席是从茶开始的。

首先是三道茶。

第一道：迎宾茶。

根据季节冷暖，选择解渴的茶叶，还是暖胃的茶叶。

第二道：叙谈茶，叙旧、谈事。

茶叶必须是清香的，可遮掩客人面对面讲话时口气中可能有的异味。可选菊花、鲜竹叶尖、茉莉花茶等。

第三道：滋补润腑茶，有滋补作用的微甜茶。

如银耳桂圆茶、莲子杏仁茶等等。

当日，待客的第一道茶，是金骏眉。白磁杯，映着金黄透亮的茶汤。红茶温和，不分男女老幼，餐前饮用不会引起不良反应。

第二道茶，是菊花和大叶白茶，微微淡黄，苦且清香。

第三道茶，是熬制得软糯的银耳桂圆，温润绵甜。

彭文瑜先生强调了一个重要的细节，三道茶，三种杯子，各有其美，各不相同。这有几个目的，一是不同的茶配不同的茶具，好看；二是让客人放心，新茶新杯，卫生安全；三是避免宴席服务人员忙中出错，错拿混拿，避免不卫生的尴尬。

圆桌的正中间，是用山楂糕摆成的"顺"字。在"顺"字的四周，是四味碟，呈卫星状摆放。辣酸甜咸，众口难调，自在取用。这是规矩里的小"自由"。

"顺"字，祝福一切顺顺利利，如果是一桌传递友谊的宴席，中间会摆放"和"字，如果是喜庆的婚宴，中间会摆放"囍"字。事由不同，字便不同。

每个人的面前，又是四小碟，呈十字摆放。这是最高级别的待遇。四个碟，名称不同，作用不同。靠近客人的碟子叫食碟，客人要吃的菜品放在这个小碟子里；右边的叫味碟，根据个人的口味从转盘上取用的调味品，放在这里；最上面的叫坐碟，用于放置分餐用的调羹；左边的这个叫接碟，食品残渣或不想食用的菜，放在这个接碟里。分工明确，作用清晰。

彭文瑜先生介绍，孔府宴席是在长期的餐饮实践中逐渐形成的。礼仪庄重，等级分明；在席面款式上要求十分严格，既有书香门第、圣人之家的风度，又有王公官府的气派。

菜品的搭配也有讲究。主菜、大件菜、配伍菜都有一定的程式；在规格上则以用料高低和上菜量的多少而定。四四席便如名字一般，其中以四道冷菜、四类干果、四类鲜果和四道大件菜为主，一般以第一道"大件菜"来判断是以何物为主的席面，并彰显这场宴会的重要程度。

当日，宴席整个上菜的过程，感觉是分"章节"，有节奏的。至少有三大章，若干个小节。

第一道大件菜：什锦葵花干贝。

行件菜：带子上朝、一品豆腐、脆皮炸鸡、翡翠虾环。

咸口点心。

跟咸口汤。

什锦葵花干贝

大件菜什锦葵花干贝，真如一朵大葵花，让人不舍得下箸。薄薄的鸡料子抹平，黏住干贝。鸡料子下面，什锦料子有十种。什锦，更随性一些，海参、鱼肚、马蹄、火腿、芸豆，都可以，荤素都要切成丁。

行件菜，是大件菜的组配菜，与大菜主、副配伍，是大件菜的帮衬。行，依字之本义，如人走路双脚迈动，一徐一疾，有并重之意。行件菜更讲求原料、工艺和味、色、形、器的特色，注重这些要素与分组结构中的大菜，与所有大菜和行菜之间的组配结合关系。根据赵荣光的《〈衍圣公府档案〉食事研究》："行菜随同大菜而陈列于席面，并与大菜构成筵席的一个个分组结构，这一个个分组结构又首尾贯连成有某种内在或外属联系的一桌有节奏的筵席。如同其他诸种因子一样，行菜同样是结构筵式的不可低估的要素。"①

配合第一道大件菜，充作筵席中行菜的，有带子上朝、一品豆腐、脆皮炸鸡、翡翠虾环。这都是传统且经典的孔府菜。

以翡翠虾环为例。翡翠虾环，选用的虾最好是微山湖里的大青虾，剥去前半截虾皮，顶刀将嫩黄瓜切成0.5厘米厚的圆片，中间捅出一小孔。虾的尾尖先行往里套，直到卡在虾的中部，正好。做好的菜品，虾尾是红的，黄瓜环是绿的，上部虾仁是白的，白绿红，相互烘托，红绿相映，三色分明，煞是好看。

一大件菜四行菜用过之后，紧接着，上来点心和汤。它俩都是咸口的，咸口点心搭配咸口汤。紫砂壶，配一个汤盅，一壶里有七八盅汤。清汤里面是鸡肉块、参须，无一星油花，鲜美，清爽，滋味绵长。

---

① 赵荣光：《〈衍圣公府档案〉食事研究》，山东画报出版社，2007，第171页。

第二道大件菜：糖醋珍珠棒子鱼

行件菜：烤牌子、雪里藏珠、油爆双脆、
炸薄荷叶

糖醋珍珠棒子鱼

甜口点心。

跟甜口汤。

山楂和淀粉熬制，一碗甜汤，看不见山楂
的残渣，只有山楂的爽口。酸酸甜甜，稀薄适
中，解腻，消食。

雪里藏珠

大件菜糖醋珍珠棒子鱼，是一道非常看刀功的菜。菜品外形像
一棵成熟饱满的玉米棒子，上下头卷曲一致，下头略粗，上头越来越
细，顶端要细如缨子，这就有了玉米的样子。"玉米"上黑色的"珍
珠"，是葛仙米。这道菜一开始用的是长江的鳜鱼，后来用的是黑鱼。
葛仙米的大小，与棒子鱼上的"颗粒"相仿，饶有趣味。

行件菜烤牌子，是一道有传说的菜品。因其形状类似古代官
员上朝时向皇帝汇报工作用的牌子，也称"笏板"，故名烤牌子。
该菜使用精选的猪硬肋带皮肉制成。有猪皮的一边，也许是因为
不断地刷蜂蜜水的缘故，烤得甜香异常，让人难忘。

主食：寿桃、炝锅面。

因为桌上以年长者居多，便有一大盘含祝福之意的寿桃。炝
锅面，顺口，和桌子中心的"顺"字相呼应。

241

最后上四道压桌菜：扣荷包、云钩丝瓜、冬菜扣肉、红松鸡。

这四道压桌菜，也叫"饭菜"，又称"下饭菜"，随主食同上席面的菜品，即伴进主食的菜肴，是筵席的最后一组菜品。

宴享的华彩乐章过后，酒阑兴衰，主人传饭之时，就开始上"饭菜"。饭菜，相对于佐饮的"酒菜"。酒宴上的"饭菜"，特指功能区别于"酒菜"的"行菜"类肴品。这种区别，主要表现在哪些地方呢？根据赵荣光的《〈衍圣公府档案〉食事研究》，"饭菜"，排在宴席的最后：

一是上菜程序上编排在酒宴的大菜和行菜的分组结构之后，即宴享的高潮过后，是筵席的最后一组菜品；二是宴享时间上在酒阑兴衰，主人传饭之时，随主食同上席面；三是用料上一般不很贵重，不仅在大菜之下，而且在总体比较上也稍逊于伴行大菜的行菜；四是相比之下，饭菜有相对的适意性，与大菜、行菜的贵重华美、更适于佐饮的特点相比，它则更适宜佐餐——下饭。在大而正规的席面上，饭菜以舒适可口、朴实无华（也讲究质、色、味、形、器及组配关系）而构成分组结构特点，并为整个筵席平添秋色。同时，我们也注意到，由于在档次上与行菜很接近，饭菜与行菜之间的区别主要体现在整体特征上的，具体比较某一行菜和饭菜则可能并不十分明显。[①]

---

① 赵荣光：《〈衍圣公府档案〉食事研究》，山东画报出版社，2007，第171～172页。

扣荷包和云钩丝瓜，这两道菜极费功夫。做好的扣荷包，在盘子里，一个挤一个地站着，一打眼，像一大朵盛开的黄色牡丹。

云钩丝瓜

云钩丝瓜。去瓤的丝瓜，两边向里卷着，火腿与绿芫荽在丝瓜卷里，红绿相映，状若云钩。云钩丝瓜好看，费工。先把丝瓜皮去了，外皮上的砂，用刀轻打，不要用去皮器。焯水后，用刀划开，把瓤旋出来，再下到开水锅里焯水，捞出来，铺展开来，再把瓤刮净，只剩下丝瓜肉。撒上干淀粉，再铺上鸡料子，一边放火腿，另一边放绿芫荽，绿芫荽可用绿芸豆或浙江的绿盐笋替代，再对卷，一红一绿，云钩内卷。上锅蒸熟，定形、改刀、和碗，再淋冲上汤，高汤、毛汤都行，再上笼蒸，使之熟透。这个菜费时费力，好吃好看。

宴席的最后，再上漱口水、献方巾。

一场华美、地道、舒适又营养的孔府菜传承宴席才告结束。

2023 年 7 月 25 日完稿

2023 年 8 月 22 日定稿

附：翡翠虾环菜谱及制法

　　烤牌子菜谱及制法

翡翠虾环

原料

大青虾 500 克

嫩黄瓜（直径 2 厘米）100 克

姜末 0.5 克

料酒 25 克

精盐 2 克

香油 15 克

高汤 50 克

花椒 10 余粒

植物油 500 克（约耗 25 克）

翡翠虾环

制法

❶ 把大青虾剥去外皮，留尾，洗净放入盘内备用；将嫩黄瓜洗净，顶刀切成 0.5 厘米厚的圆片，中间捅出一小孔（孔不宜大），将黄瓜片边沿修整一下，用手拿着虾尾，穿入黄瓜圆片的小孔，置于盘中。

❷ 炒勺置中火眼上，加入植物油，烧至八成热时，将虾环入油一促，随即倒出沥油；炒勺内加入香油，烧至五成热时，放入花椒炸成老黄色时捞出，投入姜末，烹料酒，加高汤、精盐、虾环，颠翻出勺装盘即成。①

① 中国孔府菜研究会编《中国孔府菜谱》，中国财政经济出版社，1986，第97页。

烤牌子

烤牌子

原料

猪硬肋带皮肉 1 块约 2,000 克

大葱段 40 克（两碟）

萝卜条 60 克（两碟）

甜面酱 150 克（两碟）

蜂蜜 2 克

精盐 2 克

料酒 50 克

制法

❶ 将料酒、精盐放入一碗内，加少量温水，化开；蜂蜜倒入另一碗内，加适量清水备用。

❷ 将硬肋肉修去奶泡肉，叉在铁叉上，放入开水锅内煮8分钟取出，擦净水分，周身均匀地抹上蜂蜜后放炭火池上慢火烤，先烤筋骨一面，后烤皮面，烤一会刷一次料酒、盐水，连续数次，大约烤2小时，等皮呈金黄色时取下。即成为「烤牌子」。

❸ 将烤好的牌子放在菜墩上，用刀贴排骨从中间片成两块；把带骨的一块剁成长5厘米、宽1厘米的块放入盘内垫底，带皮的一块皮朝下剁成长5厘米、宽2厘米的块，然后皮朝上整齐地排入盘内即成。①

---

① 中国孔府菜研究会编《中国孔府菜谱》，中国财政经济出版社，1986，第106页。

附录

衍圣公府宴席（孔府宴）一览表

类别	宴席招待范围
筵宾宴	主要招待各朝各代的权要、显贵、皇亲国戚及各界闻人、名流等
居常家宴	主要是衍圣公府内，常住的家人（衍圣公或衍圣公之上的太夫人、老爷，家眷及本家族近支人员）包括便宴
事由宴	祭祀宴、如意宴、喜庆宴、恩德宴、广益宴、接风宴、饯行宴、回请宴、十全十美宴等
清真宴	主要招待少数民族，包括回族、维吾尔族、蒙古族、藏族、满族、朝鲜族等
全素宴	主要接待和尚、道士、道姑、尼姑等
差役宴	上层管理人员即秘书处、师爷处、接待处等 中层管理人员即十大厅（先六大厅，后四大厅） 基层工作人员即所有部门的勤杂员工

十全十美宴的菜谱

正月初十 十全十美宴

全四三大件席

鸡鱼肉蛋海鲜杂，什锦丝子多美丽；

红白丸子山药楂，羊肉制作双如意。

琉璃海石堆成山，黄鹂迎春需韭黄；

雪花迎春兆丰年，栗子白菜溜肝尖。

花川从古传承来，雪山鱼片迎客松；

宽厚仁爱薪火传，春满人间燕归来。

三道茶 四干果 四鲜果

四凉菜：炝封鸡丝　爈红果　拌花川　爈鱼脯

大件：蝴蝶海参　雪花鸡　黄鹂迎春　鱼肚杂拌

大件：羊肉双如意　雪山鱼片　晾干肉片　琉璃海石

咸点心　咸口汤

大件：飞燕迎春又溜肝尖　蜜汁山药鼓　什锦素丝子

甜点心　甜口汤

四压桌：烧占肉　汆丸子　回锅鸡子　栗子烧白菜

249

四主食：肉火烧　盘丝饼　元宵　炝锅面

饭后四：炒芦笋　金钩银条　蛋黄菠菜　炒熏豆腐

四小菜：酱合锦　五仁酱丁　腌黄瓜条　腌蒜苔

漱口水

参考文献

〔丹〕安徒生：《安徒生童话》，叶君健译，北京燕山出版社，2005。

〔清〕爱新觉罗·溥仪：《我的前半生》，北京联合出版公司，2018。

〔日〕爱新觉罗·浩：《食在宫廷：增刊新版》，马迟伯昌校，王仁兴译，生活·读书·新知三联书店，2020。

白玮：《历史的味觉：食物背后的历史光影》，研究出版社，2022。

陈元朋：《粥的历史》，商务印书馆，2016。

虫离先生：《食尚五千年：中国传统美食笔记》，江苏凤凰科学技术出版社，2022。

陈念祖：《神农本草经读》，中国医药科技出版社，2018。

〔法〕大仲马：《大仲马美食词典》，杨荣鑫译，译林出版社，2012。

〔北朝〕贾思勰著，缪启愉、缪桂龙译注《齐民要术译注》，上海古籍出版社，2021。

〔北魏〕贾思勰撰，石声汉校释《齐民要术》，中华书局，2022。

孔繁银、孔祥龄：《孔府内宅生活》，齐鲁书社，2002。

孔繁银：《衍圣公府见闻》，齐鲁书社，1992。

孔祥林：《孔子图说》，中华书局，2016。

李开周：《食在宋朝：舌尖上的大宋风华》，花城出版社，2009。

李硕：《孔子大历史：初民、贵族与寡头们的早期华夏》，上海人民出版社，2019。

李泽厚：《论语今读》，天津社会科学院出版社，2009。

〔宋〕林洪：《山家清供》，中华书局，2020。

流沙河：《白鱼解字：流沙河讲汉字》，北京联合出版公司，2020。

梅依旧：《节气厨房》，江苏凤凰文艺出版社，2019。

孟诜、张鼎：《食疗本草》，中华书局，2020。

那志良：《典守故宫国宝七十年》，紫禁城出版社，2004。

钱穆：《孔子传》，长江文艺出版社，2020。

钱穆：《论语新解》，生活·读书·新知三联书店，2012。

邱子峰主编《中华传统糕点图鉴》，中国轻工业出版社，2022。

〔宋〕陶谷撰，李益民、王明德、王子辉注释《清异录（饮食部分）》，中国商业出版社，1985。

汪曾祺：《家人闲坐 灯火可亲》，古吴轩出版社，2020。

汪曾祺：《人间五味：插图本》，人民文学出版社，2020。

汪曾祺：《吃食和文学》，文化发展出版社，2021。

王敦煌：《吃主儿》，生活·读书·新知三联书店，2015。

王国轩、王秀梅译注《孔子家语》，中华书局，2021。

王仁湘：《饮食与中国文化》，广西师范大学出版社，2022。

王学泰：《华夏饮食文化》，商务印书馆，2017。

王充闾：《譬如登山：我的成长之路》，辽海出版社，2023。

王充闾：《永不消逝的身影》，人民文学出版社，2021。

谢冕：《觅食记》，北京大学出版社，2022。

杨金泉：《论语漫读》，国家图书馆出版社，2020。

杨义堂：《鲁国春秋》，齐鲁书社，2019。

杨步伟：《中国食谱》，柳建树、秦甦译，九州出版社，2016，第 270 页。

殷若衿：《草木有情：跟着节气寻人间清欢》，人民文学出版社，2023。

于进江编著《小点心 大文化》，广西师范大学出版社，2018。

〔清〕袁枚：《随园食单》，中国轻工业出版社，2022。

张竞：《餐桌上的中国史》，方明生、方祖鸿译，中信出版社，2023。

张双棣、张万彬、殷国光、陈涛译注《吕氏春秋》，中华书局，2022。

赵荣光：《〈衍圣公府档案〉食事研究》，山东画报出版社，2007。

中国烹饪协会编著《中国烹饪通史·第一卷》，中国商业出版社，2020。

周简段：《老滋味》，新星出版社，2008。

〔清〕朱彝尊著，张可辉编著《食宪鸿秘》，中华书局，2013。

朱自清：《经典常谈》，人民文学出版社，2023。

中国孔府菜研究会编《中国孔府菜谱》，中国财政经济出版社，1986。

中国孔府菜研究会编《中国孔府菜谱》，中国财政经济出版社，1986。

〔英〕约翰·欧康奈：《香料共和国：从洋茴香到郁金，打开 A–Z 的味觉秘语》，庄安祺译，联经出版事业股份有限公司，2017。

苑洪琪、顾玉亮：《故宫宴》，苏徵楼绘，化学工业出版社，2022。